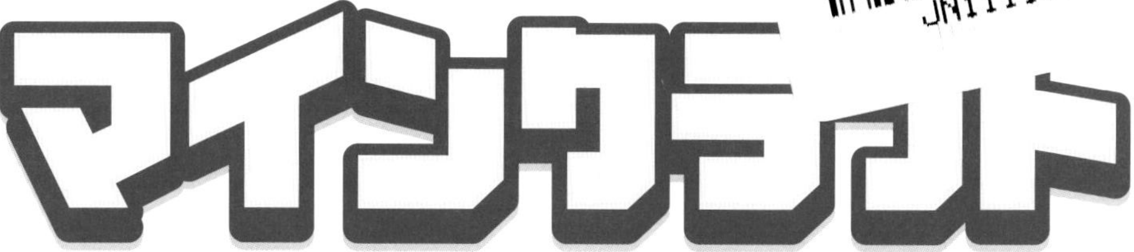

さんすう プログラミング 学習ドリル 2

| 計算 | 図形 | 時間 | 論理 |

standards

この本は、マイクラの　せかいを
ぼうけんしながら　さんすうや　プログラミングの
べんきょうが　できる　学習ドリルなんだ!
もんだいを　ときながら、マイクラの
こうりゃくじょうほうも　いっしょに　まなべるよ!

こんかいの　ドリルは　いろいろな　ばしょを
ぼうけんしながら　ネザーの　こうりゃくと
かくしボスである　ウィザーを　たおすことが　目てきだ
もんだいを　ときすすめていけば、じっさいの
マインクラフトでも　ウィザーを　たおせる
こうりゃくじょうほうを　しることが　できるぞ!

もくじ

登場人物紹介

スティーブ

ごぞんじ　マイクラの　しゅじんこう。にが手な　べんきょうに　とりくみながらラスボスの　こうりゃくをめざす。

アレックス

スティーブの　たよれるあいぼう。２人で　力を合わせて　マイクラのラスボスクリアを　めざしている。

ハカセ

マイクラにくわしい　たよれる先生。いろいろな　もんだいを　出しながら、ラスボスまで　こうりゃくの手だすけを　してくれる。

もう べんきょうは
つかれたよ～
だめよ！ まだ ぜんぜん
すすんでないじゃない！

あ～あ…、このまえ みたいに
あそびながらの べんきょうなら
やるきも 出るんだけどなあ～

はっはっは！
はなしは きいておったよ
スティーブくん！
わあっ！
ハカセ!?

スティーブくんのために、こんかいも
あらたな スペシャルスタディを
よういしておいたぞ！
さすがっ！
ハカセ 大すき！

それで、こんかいは
どんな プランを
よういして くれてるの？

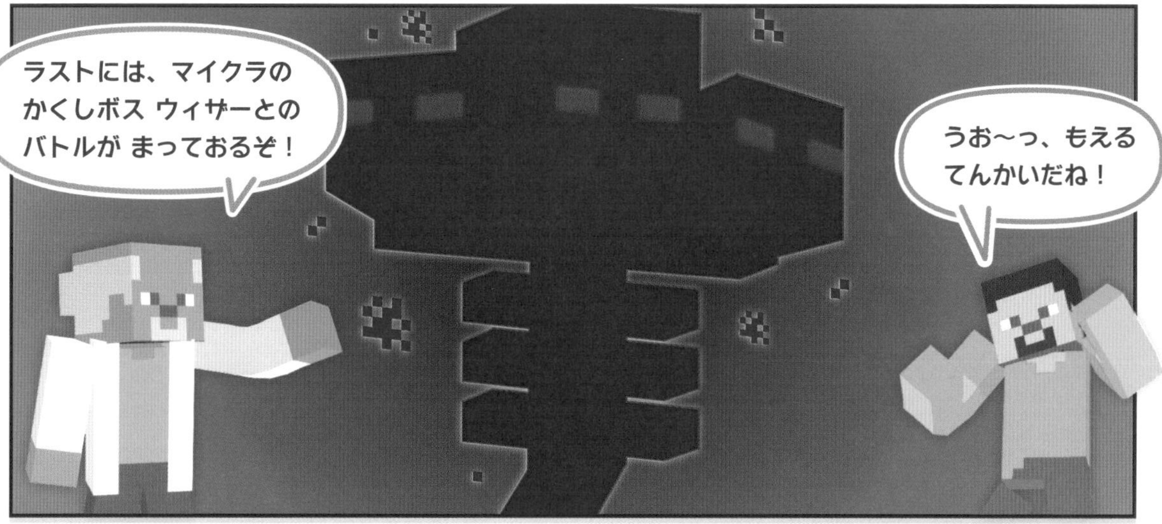

さあ、いっしょに マイクラの こうりゃくを
たのしみながら、さんすうやプログラミングを
学習しよう！　もちろん、前回のドリルを
やっていなくても、たのしめるよ！

さんすう・プログラミング

01

いろいろな　そざいを　あつめよう

マイクラを　はじめたら、まずは　そざいを　あつめるのが　たいせつじゃ！　木や　石は　もちろん、できれば　鉄や　金といった　鉱石も　はやめに　あつめて　おきたいところじゃな！

クリアした日

月　　日

1 ちかくにある　木を　きろう

スティーブは、いまいるばしょから　1～3マスの　いどうで　行ける　マスの中に　はえている木だけ　きることが　できます。スティーブが　きることが　できる木は　ぜんぶで　何本あるか　数えてみましょう

かぞえかたの ちゅうい

斜めのマスに　いどうするばあいは　2マスとして　かぞえます。

答え. きることが　できる木は　[　　]　本ある

2 じめんの 中(なか)にある 鉱石(こうせき)を ほろう

ちかに うまっている 鉱石(こうせき)を ほります。このとき、A～Mから すきな ばしょを ひとつだけ えらび、そこから やじるしの 方向(ほうこう)にだけ ほることが できます。

石炭鉱石(せきたんこうせき)　鉄鉱石(てっこうせき)　エメラルド鉱石(こうせき)

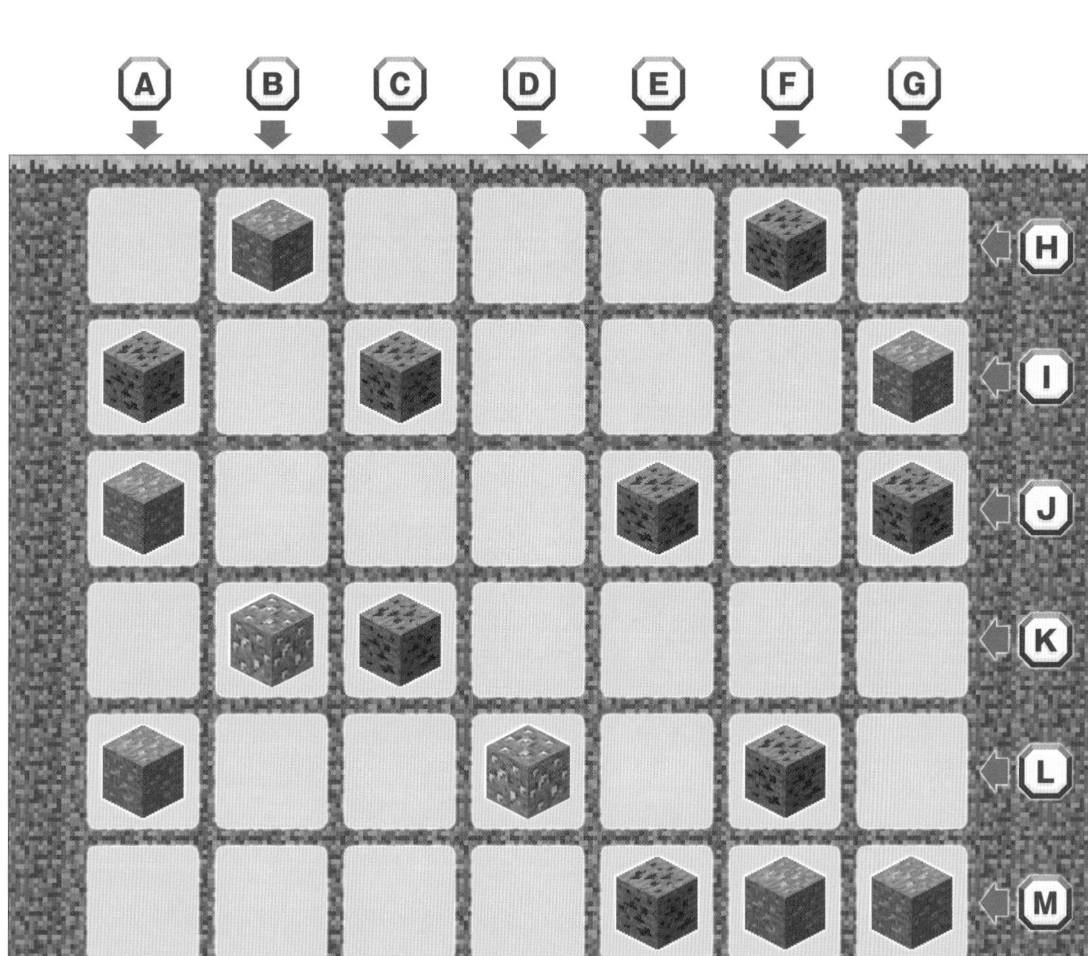

1 石炭鉱石(せきたんこうせき)、鉄鉱石(てっこうせき)、エメラルド鉱石(こうせき)を すべて ほることが できるのは、A～Mのうち どこでしょう？

答(こた)え.

2 石炭鉱石(せきたんこうせき)2個(こ)と 鉄鉱石(てっこうせき)1個(こ)を ほることが できるばしょが、A～Mの中(なか)に 3かしょ あります。3かしょ すべて 答(こた)えましょう。

答(こた)え.

02

プログラミング

きょてんを　作ろう

あるていど　そざいを　あつめたら、よるに　なるまえに　きょてんとなる　いえを　作るんじゃ。つよくなるまでは、この　いえを　中心に　そざいあつめや　せんとうに　はげもう！

クリアした日

月　　日

1 いえの　中で　じゆうに　くつろごう

あつめた　木や　石の　ブロックで、いえが　できました。スティーブは、いえの中の　A～Jマスの　どこかで　やすんでいます。どのマスに　いるかを、もんだい文を　よんで　答えましょう。

チェスト  かまど　たいまつ

ベッド　花　防具立て

本棚　足場　醸造台

かぞえかたの ちゅうい

斜めの　マスは、2マスで　数えます。

1マス　2マス

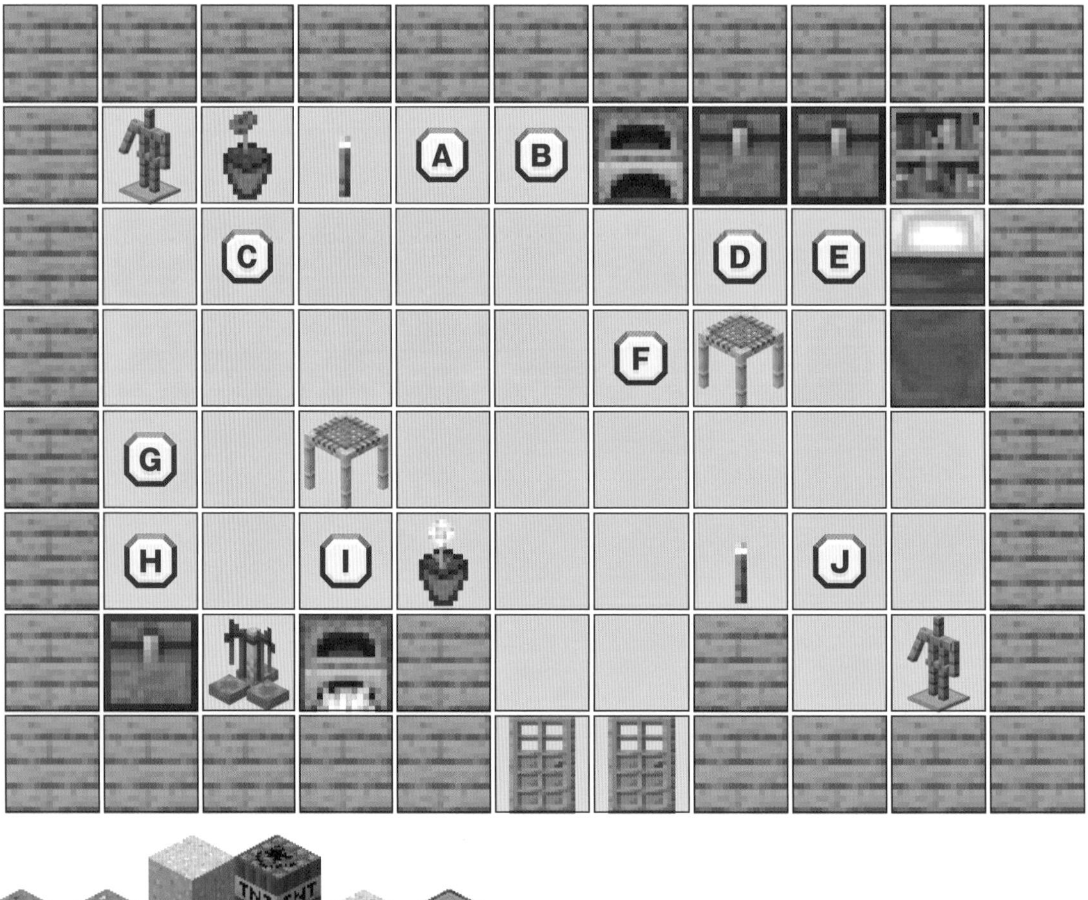

				A	B					
		C					D	E		
						F				
	G									
	H		I					J		

1 スティーブは、チェストの　となりの　マスに　います。スティーブから 2マス　はなれた　ばしょに　醸造台が　あります。

答え. ＿＿ のマス

2 スティーブは、ベッドから　3マス　はなれた　マスに、いどうしました。スティーブから　2マス　はなれた　ばしょには　防具立てが　あります。

答え. ＿＿ のマス

3 あかりが　ほしくなったので、たいまつの　となりの　マスに　いどうします。たいまつの　すぐとなりには　花が　あります。

答え. ＿＿ のマス

4 ちょっと　すわりたく　なったので、足場の　となりの　マスに　いどうしました。そのマスの　すぐとなりには　かまどが　あります。

答え. ＿＿ のマス

5 チェストに　アイテムを　しまいわすれて　いたので、かまどが　すぐよこに　ある　チェストの　となりの　マスに　いどうしました。

答え. ＿＿ のマス

いえが　あると　おちつけて　いいよね！

マイクラ攻略まめちしき

燻製器と　溶鉱炉を　つかってみよう

肉や　さかな、鉱石などを　やくときには　かまどを　つかっていると　おもうが、じつは　かまどより　はやく　これらを　やくことができる　べんりブロックがある。それが　燻製器と　溶鉱炉だ。燻製器は　肉や　さかな　などの　ちょうりだけ、溶鉱炉は　鉱石だけしか　やくことが　できないが、アイテムを　やく　はやさが　かまどの　ばいに　なっているぞ！

さんすう

03 ぼうけんアイテムを　よういしよう

ぼうけんに　出るためには、いろいろな　道具の
じゅんびが　ひつようじゃ。ぶきや　ぼうぐは
とうぜんとして、しょくりょうや　たいまつなども
多めに　よういしておきたい　ところじゃな！

クリアした日

月　　日

1 いろいろな　アイテムを　作ってみよう

ぼうけんに　出るまえに、パンと　たいまつを　いくつか　作っておきましょう。
よういした　ざいりょうで、パンと　たいまつを　いくつ　作ることが　できるで
しょうか？　レシピを　見ながら　けいさんして　みましょう。

パンのレシピ

小麦:3個

小麦 13個

答え．パンは　[　　]　個作れる

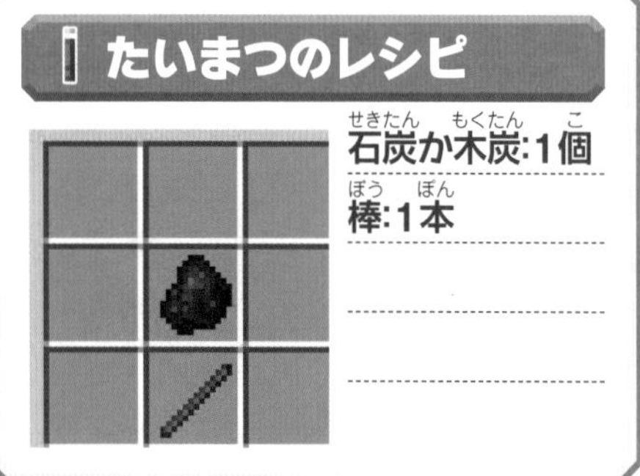

たいまつのレシピ

石炭か木炭:1個

棒:1本

石炭 4個

木炭 3個

棒 8本

ヒント！

たいまつは　木炭か石炭の
どっちでも　作れるよ！

答え．たいまつは　[　　]　個作れる

2 ぼうぎょ力を　けいさんしよう

あつめた　そざいを　つかって　ぼうぐを　作ります。ぼうぐの　ぼうぎょ力は、下の　ように　なります。そうびした　ぼうぐの　ぼうぎょ力を　けいさんする　しきを　作って、答えまで　もとめましょう。

革の帽子
ぼうぎょ力：1

革の上着
ぼうぎょ力：3

革のズボン
ぼうぎょ力：2

革のブーツ
ぼうぎょ力：1

鉄のヘルメット
ぼうぎょ力：2

鉄のチェストプレート
ぼうぎょ力：6

鉄のレギンス
ぼうぎょ力：5

鉄のブーツ
ぼうぎょ力：2

金のヘルメット
ぼうぎょ力：2

金のチェストプレート
ぼうぎょ力：5

金のレギンス
ぼうぎょ力：3

金のブーツ
ぼうぎょ力：1

A

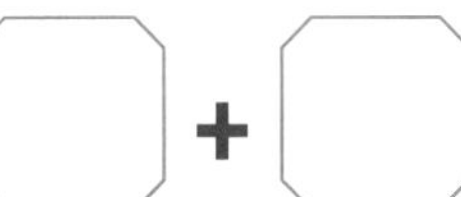

□ ＋ □ ＋ □ ＋ □ ＝ □

B

□ ＋ □ ＋ □ ＋ □ ＝ □

C

□ ＋ □ ＋ □ ＋ □ ＝ □

マイクラ攻略まめちしき　ぼうぐには　もようが　つけられる

2023年6月の　アップデートで　鍛冶のテンプレートを　つかって、すきな　ぼうぐに　もようを　つけることが　できるようになった。鍛冶のテンプレートは、いろいろな　ばしょの　チェストの　中に　かくされているので、せかい中を　ぼうけんして　さがしてみよう！

さんすう・プログラミング

04 村を　さがそう！

村を　見つけることが　できれば、ぼうけんに　やくだつアイテムが　たくさん手に入る！　村人とのとりひきでは　なかなか手に入らない　アイテムもこうかんで　手に入れることが　できるのじゃ！

クリアした日

月　　日

1 とりひきに　つかえる　アイテムを　手に入れよう

村に　むかいながら、村人との　とりひきに　つかえるアイテムを　ひろって　ゴールの村を　めざしましょう。とりひきに　つかえないアイテムのマスは　とおることが　できません。

とりひきできる	とりひきできない
石炭	タンポポ
革	チューリップ
生の鶏肉	キノコ
糸	サボテン

スタート

ゴール

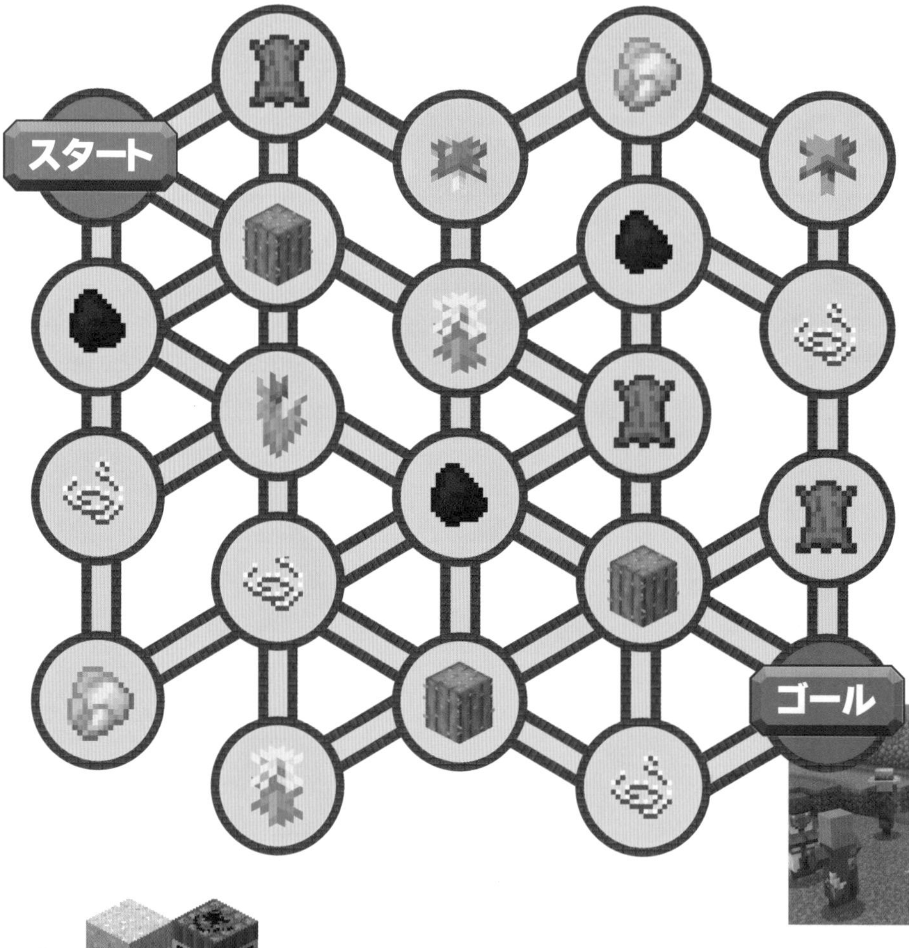

2 村に入るための　けいさんをしよう

村は　アイアンゴーレムによって　まもられています。アイアンゴーレムが　出すけいさんもんだいに　答えて　村に　入りましょう。

くり上がりや　くり下がりの　もんだいを　よういしておいたぞ。下の　もんだいに　答えることが　できたら村に　入れてあげよう。

5+7= □	12-6= □
8+5= □	14-7= □
9+4= □	17-8= □
3+8= □	15-9= □
6+9= □	13-5= □

マイクラ攻略まめちしき

アイアンゴーレムは　いっしょに　たたかってくれる!

アイアンゴーレムは、村に　入ってくる　てきを　たおしてくれるぞ。いつも　村の道に　そって見まわりを　している。どんどん　てきが　やってくる「襲撃」イベントでも　大かつやくする、たのもしい　みかただ。ただし　たいりょくが　なくなると、てきモンスターに　たおされてしまう。

さんすう・プログラミング

05 村で アイテムを あつめよう！

村に 入ったら、たべものを あつめておこう！はたけの小麦や ビートルートといった さくもつは じゆうに つかうことが できるぞ！ ニワトリや ブタなどの どうぶつも しょくりょうになる！

クリアした日
月　　日

1 かまどで アイテムを やこう

かまどで アイテムを やくには ねんりょうが ひつようです。ねんりょうは しゅるいによって もえるじかんが ちがいます。

シラカバの原木

 ：15びょう

石炭

 ：80びょう

つぎの もんだいに 答えましょう。

1 生の鶏肉を やいて 焼き鳥を 作ると ひとつにつき 10びょうかかります。下に かいてある ねんりょうを つかうと いくつ焼き鳥が 作れるでしょうか。

生の鶏肉 ➡  焼き鳥 ：10びょう

① シラカバの原木  が4個

答え.　　個

② 石炭 が2個

答え.　　個

2 焼き鳥を 14個作ろうと おもいます。ねんりょうの くみあわせとして 正しいものを えらびましょう。

Ⓐ シラカバの原木4個と石炭1個

Ⓑ シラカバの原木8個

Ⓒ シラカバの原木2個と石炭2個

答え.　　のくみあわせ

2 手に入れた　アイテムを　せいとんしよう

手もちのアイテムや　チェストに　おなじものが　あれば、64個まで　かさねて　1マスに　おく（スタックする）ことが　できます。道具などは　スタックできませんが、このせいしつを　つかって　チェストの中を　せいとんしてみましょう。

スタックできるアイテム

土　ビートルート
小麦　ニンジン
丸石　生の鶏肉

スタックできないアイテム

剣　ツルハシ
斧　シャベル

1 スタックできる　アイテムを　すべて1マスに　かさねると　チェストは　何マス　あくでしょうか？

答え.　　　マスあく

2 スタックした　アイテムの　中で、いちばん数が　多いアイテムは　何でしょうか？

答え.

マイクラ攻略まめちしき

タマゴなどの　アイテムは　16個まで！

スタックできる　アイテムは　ほとんどが　64個までと　なっているが、タマゴや　雪玉、看板や　エンダーパールなどは　16個までと　なっている。バケツも　16個まで　スタックできる　アイテムのひとつ。ただし、水や　ようがんを　入れてしまうと　スタックできなくなるぞ。バケツで　水を　くむことは　多いので、バケツを　もちあるくときは　きをつけよう。

さんすう

06 聖職者を　たすけよう!

エンダーパールや　ラピスラズリなどを　とりひきしてくれる　聖職者が、ゾンビに　おそわれて　村人ゾンビに　なってしまったぞ！　金のリンゴを　つかって　なおすのじゃ！

クリアした日
月　日

1 村人ゾンビを　なおしてあげよう

聖職者は、ゾンビにかまれて　村人ゾンビに　なってしまいました。村人ゾンビを　なおすためには　弱化のスプラッシュポーションを　あてたあと、金のリンゴを1個つかう　ひつようがあります。つぎの　もんだいに答えましょう。

金のリンゴでなおせる!

金のリンゴのレシピ

リンゴ:1個
金インゴット:8個

リンゴ 4個

金インゴット 18個

1 集めたリンゴと　金インゴットを　つかって、弱化のスプラッシュポーションをあてた　村人ゾンビを　2人　なおそうと　おもいます。集めたリンゴと　金インゴットは　いくつ　あまるでしょうか。

答え. リンゴは　[　]　個、金インゴットは　[　]　個あまる

2 1のもんだいの　あとに、さらに　1人の村人ゾンビを　なおそうと　おもいます。金インゴットは　いくつ　ひつように　なるでしょうか。

答え. 金インゴットは　[　]　個ひつよう

2 聖職者と　とりひきしよう

聖職者が「村人ゾンビを　なおしてくれた　おれいに　とくべつに　やすくとりひき　してあげよう」といって　とりひきを　してくれることに　なりました。これで　ぶきや　道具を　つよくできる「エンチャント」に　ひつような　ラピスラズリも　手に入りそうです。つぎの　もんだいに　答えましょう。

1 聖職者は、腐った肉( )6個で　エメラルド1個( )に、エメラルド1個を　ラピスラズリ( )1個に　こうかんしてくれます。腐った肉が　16個あるとき、ラピスラズリは　いくつ手に入りますか。また、腐った肉は　いくつあまりますか。

答え. ラピスラズリは［　　］個手に入る　腐った肉は［　　］個あまる

2 とりひきを　くりかえしていると　ラピスラズリの　ねだんが　ねあがりして　しまいました。ラピスラズリを1個　こうかんするのに　エメラルドが2個　ひつように　なってしまいました。あらたに　ラピスラズリを3個　手に入れるには、腐った肉は　いくつひつようでしょうか。

答え. 腐った肉は［　　］個ひつよう

ヒント!

まずは、エメラルドが　いくつひつようになるか　けいさんしてみよう！

マイクラ攻略まめちしき

エメラルドは　棒を　こうかんして　あつめよう!

エメラルドを　あつめるなら、棒を　こうかんしてくれる村人「矢師」との　とりひきが　オススメ。棒の　もとになる　板材は　かんたんに　あつめることが　できる。また、ゾンビが　ドロップする　腐った肉は、聖職者との　とりひきでしか　つかわないので　こうかんしてしまおう。

さんすう・プログラミング

前哨基地を　さがそう！

聖職者の　はなしに　よれば、「略奪者が　たびたび　村を　おそってくるので、たすけてほしい」とのことじゃ！　略奪者の　ほんきょち「前哨基地」に　むかうのじゃ！

クリアした日

月　　日

1 チェストのばしょまで　たどりつこう

前哨基地の　チェストには、きょう力な　ぶきの　クロスボウなどが　入っています。ゴールの　チェストまで　たどりつきましょう。略奪者が　いるばしょは、とおることが　できません。

略奪者

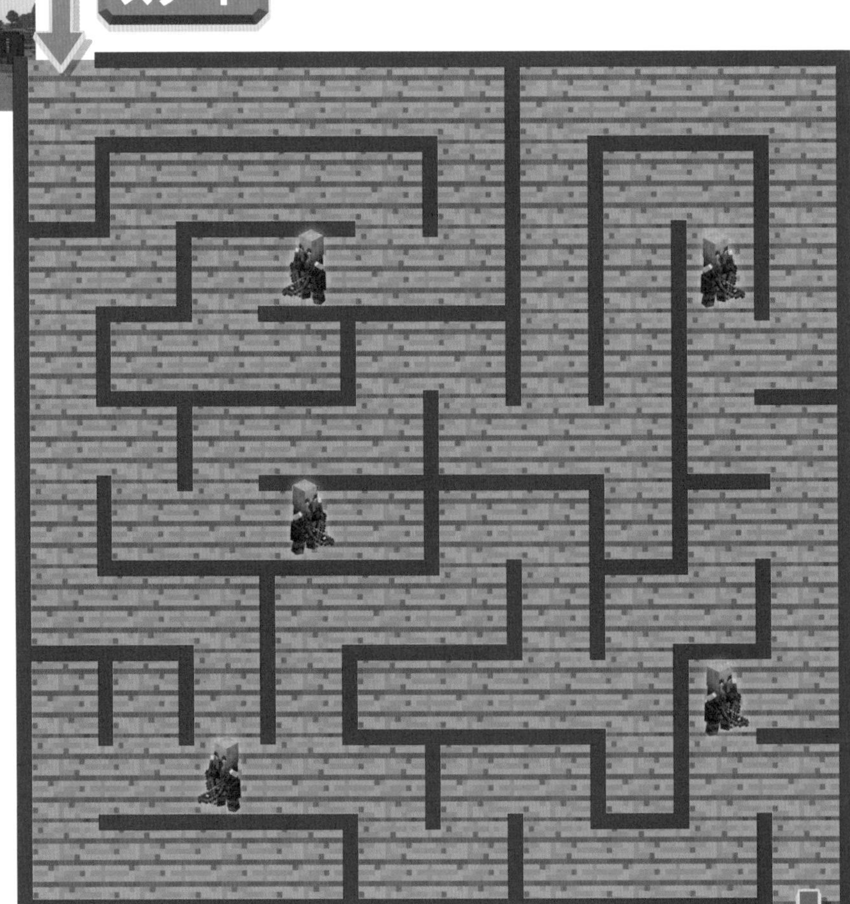

2 手に入れた　アイテムを　せいり　しよう

前哨基地で　手に入れた　アイテムの、ほかんや　せいりを　しておきます。下の　3つのチェストに　それぞれアイテムが　入っています。この　3つのチェストに　ついかで　アイテムを　入れようと　おもいます。チェストに　入っている　アイテムの　しゅるいと　数が　おなじになるように、せんで　つないでみましょう。

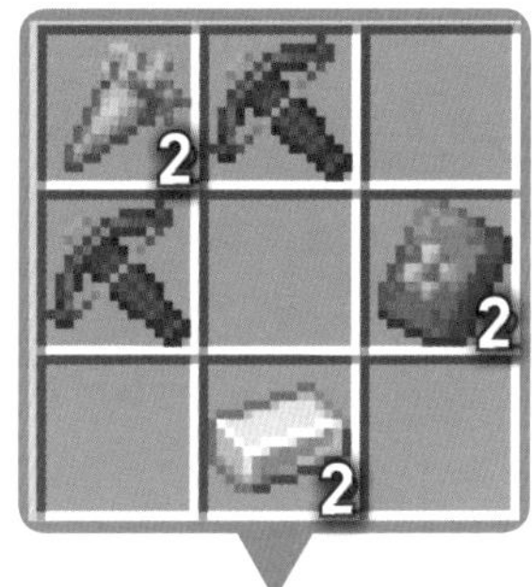

マイクラ攻略まめちしき　襲撃イベントを　おこさない　テクニック

「襲撃」イベントは、略奪者を　たおして「不吉な予感」という　ステータスこうかが　ついてるときに　村に　入ることで　はじまる。この　ステータスこうかを　ミルクを　のんで　けしてしまえば　イベントが　はじまらなくなる。

さんすう

08 略奪者との　たたかい

略奪者を　たおしただけでは、村に　へいわは
おとずれない！　たおしたあとも　「襲撃」で村を
おそってくるのじゃ！　村が　襲撃に　あうと、
とりひきも　できなくなるぞ！

クリアした日

月　　日

1 略奪者を　たおそう

前哨基地を　出ると、略奪者の　ぶたいに　見つかって　しまいました。略奪者が　出してくる　けいさんに　答えて　たおしましょう。

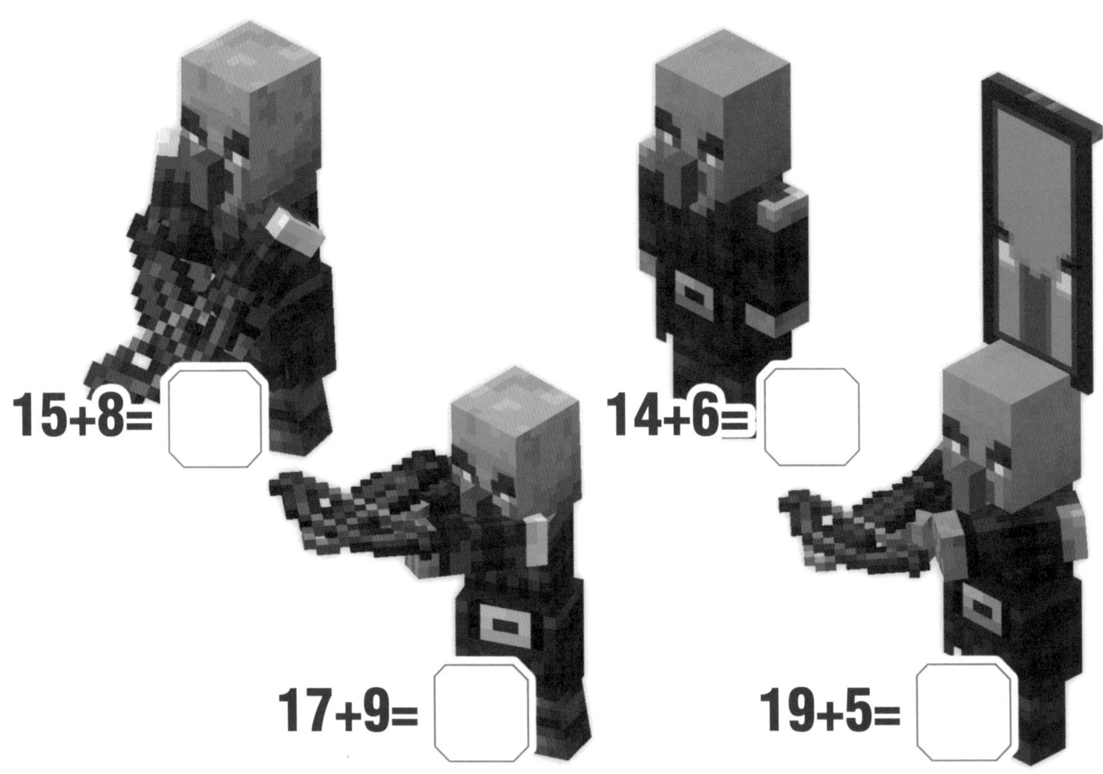

15+8=

14+6=

17+9=

19+5=

マイクラ攻略まめちしき　襲撃イベントを　クリアするコツ

まずは　村の　中心にある　鐘を　ならして、村人を　いえに　入らせよう。そして、いえのドアを　ブロックで　ふさいで、村人が　たおされないように　しよう。また、村のまわりを　柵でかこんでしまうと　わいてくる　てきモンスターが　村に　入れなくなる。ぶじに　クリアできれば、「村の英雄」として　とりひききんがくが　やすくなるぞ！

2 村を　おそってきた　てきを　たおそう

略奪者を　たおして　村に　もどると、てきモンスターの「襲撃」が　はじまりました。略奪者いがいの　モンスターも　どんどんやってきます。モンスターが　出してくる　けいさんもんだいに　答えましょう。

1 ウイッチ、ヴィンディケーター、略奪者が　あらわれました。出してくる　けいさんもんだいに　答えましょう。

20-5=

24-6=

22-8=

2 きょ大なモンスター、ラヴェジャーが　あらわれました。出してくる　けいさんもんだいに　答えましょう。

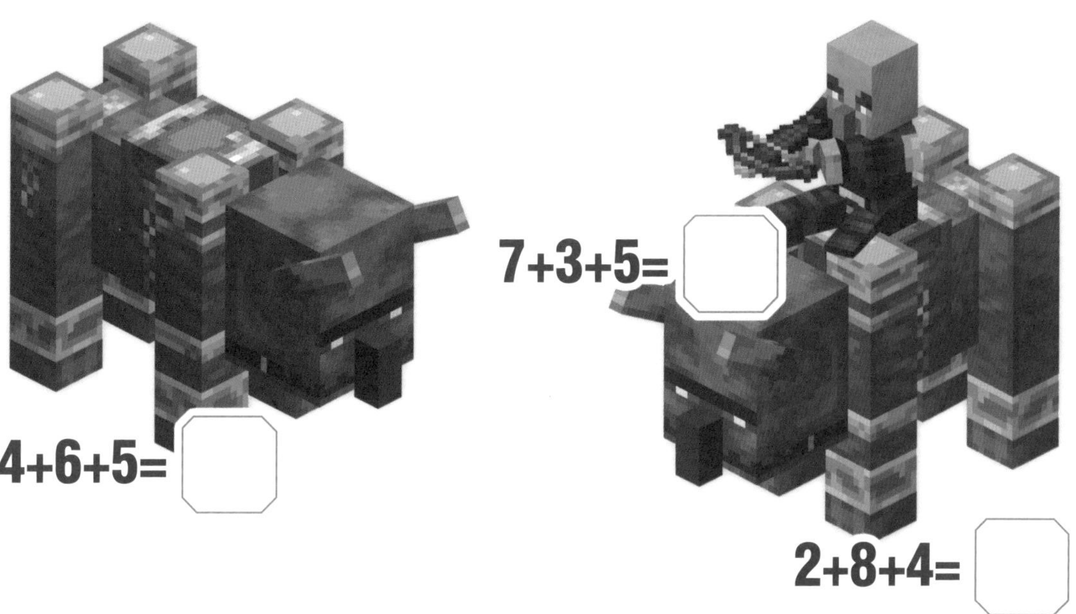

4+6+5=

7+3+5=

2+8+4=

09

製図家から　探検家の地図を　入手

森の洋館に、「不死のトーテム」という　たおれても　ふっかつできるという　アイテムが　あるらしい。製図家から　森の洋館の　ばしょが　わかる「森林探検家の地図」を　手に入れるのじゃ。

クリアした日

月　日

1 製図家の出すもんだいに　答えよう

製図家は　探検家の地図（森林探検家の地図・海洋探検家の地図）を　とりひきでこうかんしてくれますが、けいさんもんだいに　答えるひつようが　あるようです。つぎの　もんだいに　答えましょう。

5・10・15・20・25・30・35・40・45・50の　どれかを　入れて、しきを　かんせいさせよう。しきが　ぜんぶ　かんせいしたら、地図のばしょを　おしえてあげるよ！

5+□=30	35+15=□
15+15=□	25+□=50
□+20=30	□+20=50
25+□=40	45+□=50
10+□=45	50+□=100

2 正しい製図台に　たどりつこう

製図家は「じぶんの　製図台に　森の洋館の　ばしょが　わかる　森林探検家の地図を　おいてある。たどりついたら　とりひきするよ」といいました。せつめいのとおりに　いどうすると、たどりつくようです。下の　せつめい文の　1～3のじゅんばんで　移動すると、A～Dの　どの製図台に　たどりつきますか。

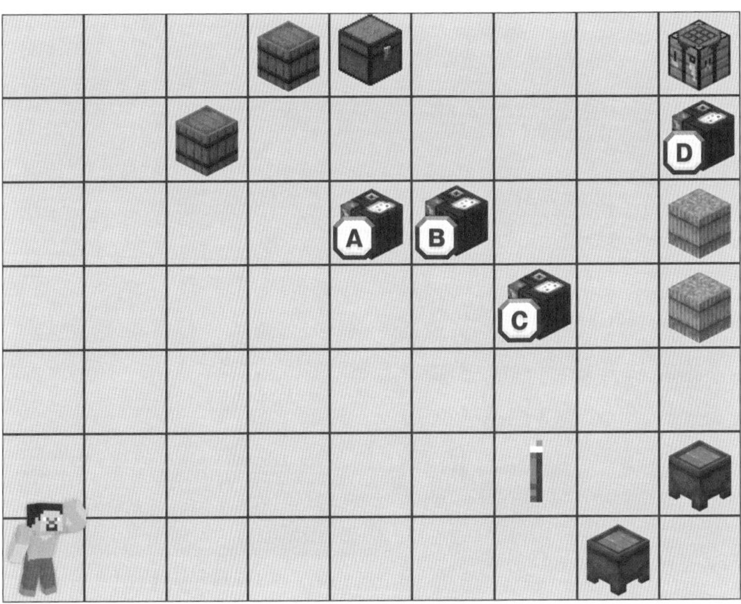

たいまつ
チェスト
大釜
樽
小麦の俵
製図台

ヒント！
スティーブの　ばしょから　見て、どこに　何が　あるかを　よく　かくにんしてね！

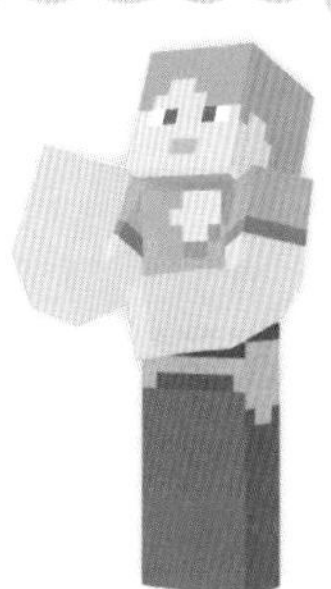

1. 大釜が　ある方向に　2マス
2. 樽が　ある方向に　4マス
3. 小麦の俵が　ある方向に　2マス

答え．正しい製図台は

マイクラ攻略まめちしき　ちがう探検家の地図を　もらうテクニック

森の洋館や　海底神殿という　レアスポットの　ばしょが　わかる「探検家の地図」。おなじ製図家からは、何回とりひきしても　もらえる地図は　おなじものに　なってしまう。ちがうばしょにある　森の洋館や　海底神殿の　ばしょを　しりたいばあいは、べつの製図家と　とりひきをしよう。

さんすう・プログラミング

10 洞窟を　さがしに　行こう

森の洋館は、はるかとおいばしょに　あるようじゃ！　とちゅうの　洞窟では、鉱石を　さいくつして　そうびを　ととのえたり、道具の　じゅんびを　しておくのじゃ！

クリアした日

月　　日

1 たいまつで　洞窟を　あかるくしよう

あんぜんに　たんけんするために、洞窟の中を　たいまつ（ ）で　あかるくします。たいまつは、2マスさきまで　石ブロック（ ）上を　あかるくできます。もっとも少ない本数で　すべての　石ブロックを　明るくできるように、たいまつが　ひつようなばしょに　○を　つけましょう。また、たいまつは　何本ひつようでしょうか。たいまつが　てらすはんいは　かさなっても　だいじょうぶです。

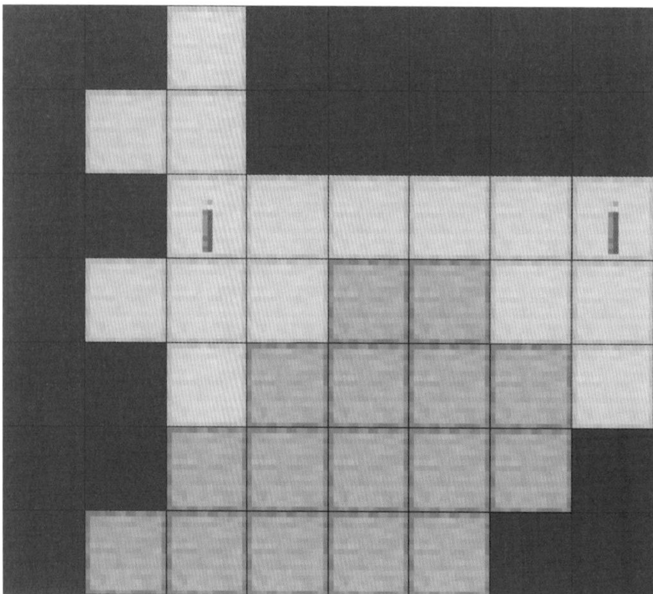

たいまつが　てらすはんい

たいまの　ひかりは、たいまつを　中心に　2マスさきまで　とどきます。黄いろい　マスは、ひかりが　とどいている　マスです。

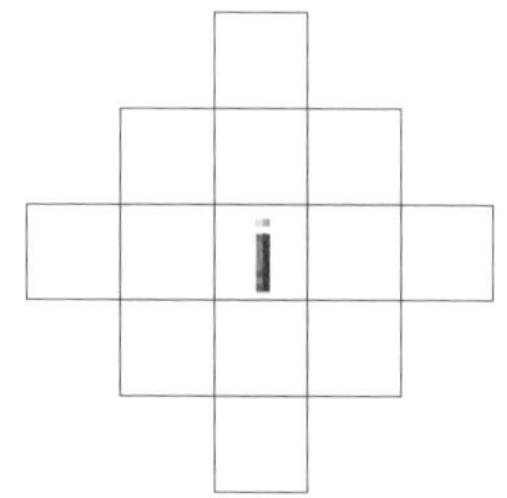

答え．たいまつは　　　本　ひつよう

ヒント！

左下の　石ブロックを　てらすには　どこに　たいまつを　おけば　いいかな？

2 鉱石をほって　ゴールを　めざそう！

洞窟で　鉱石ブロックを　見つけることが　できました。ツルハシで　「鉄鉱石→銅鉱石→金鉱石」の順で　こわして　スタートから　A～Cの　どれかの　ゴールを　めざします。たどりつけるゴールは　どこになりますか。ただし、草ブロック（■）は　とおることが　できません。

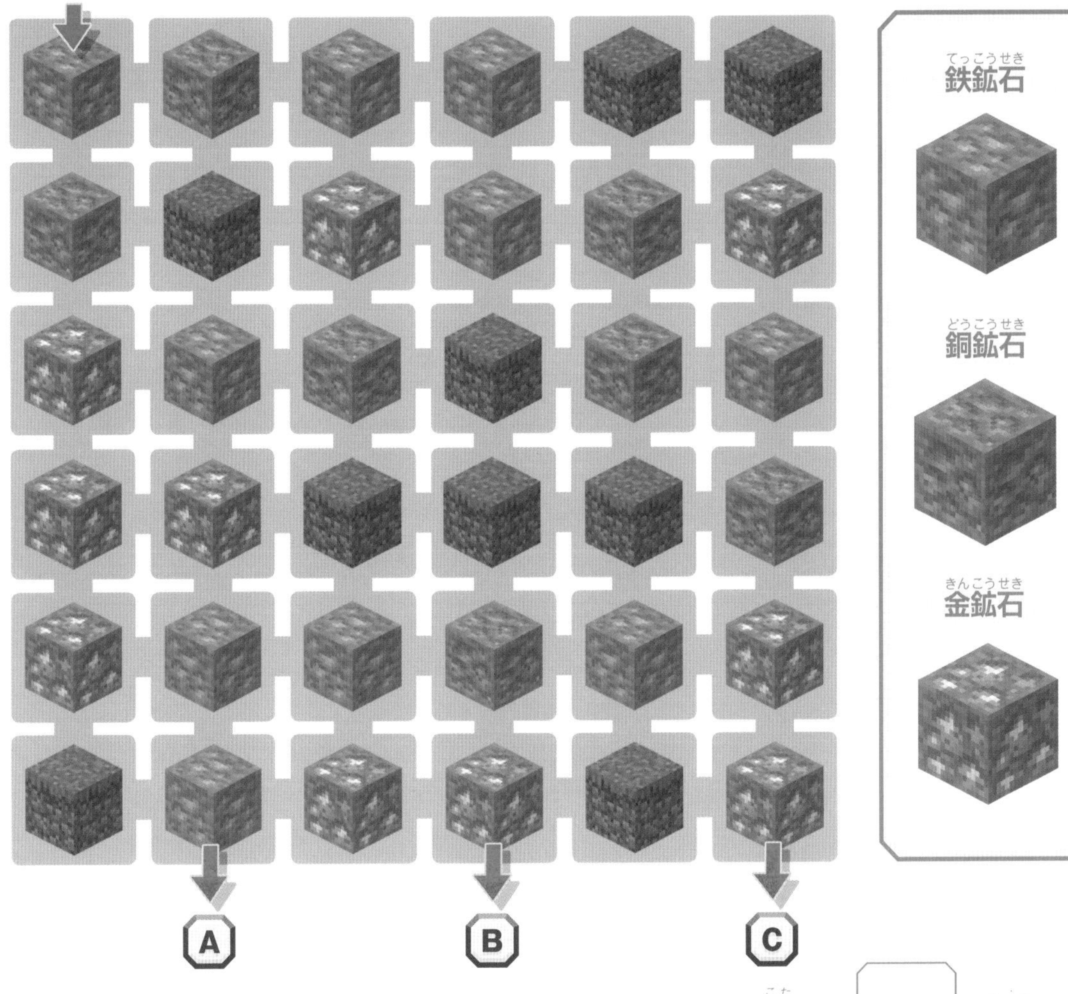

答え.　　　がゴール

マイクラ攻略まめちしき　鉱石は　ブロックにすると　大りょうに　はこべる！

鉱石を　ツルハシでほって　原石が　大りょうに　あつまったら、かまどで　やいて　インゴットに　したあと、ブロックに　してしまおう。鉱石ブロックも　スタックできるので、ちかくに　チェストが　ないときでも　大りょうに　もちはこぶことが　できるぞ！

11

さんすう

洞窟のモンスターとの　たたかい

洞窟で　さいくつを　していると、モンスターとの　とつぜんの　たたかいは　さけられない！　モンスターを　たおしながら、さいくつが　やりやすい　大洞窟を　めざすのじゃ！

クリアした日

月　　日

1 正しいしきだけ　とおって　ゴールを　めざそう

洞窟で　さいくつを　していると、モンスターが　おそってきます。モンスターが　出してくる　しきの中で、正しいけいさんしきに　なっているマスだけを　とおって　ゴールの　大洞窟を　めざしましょう。

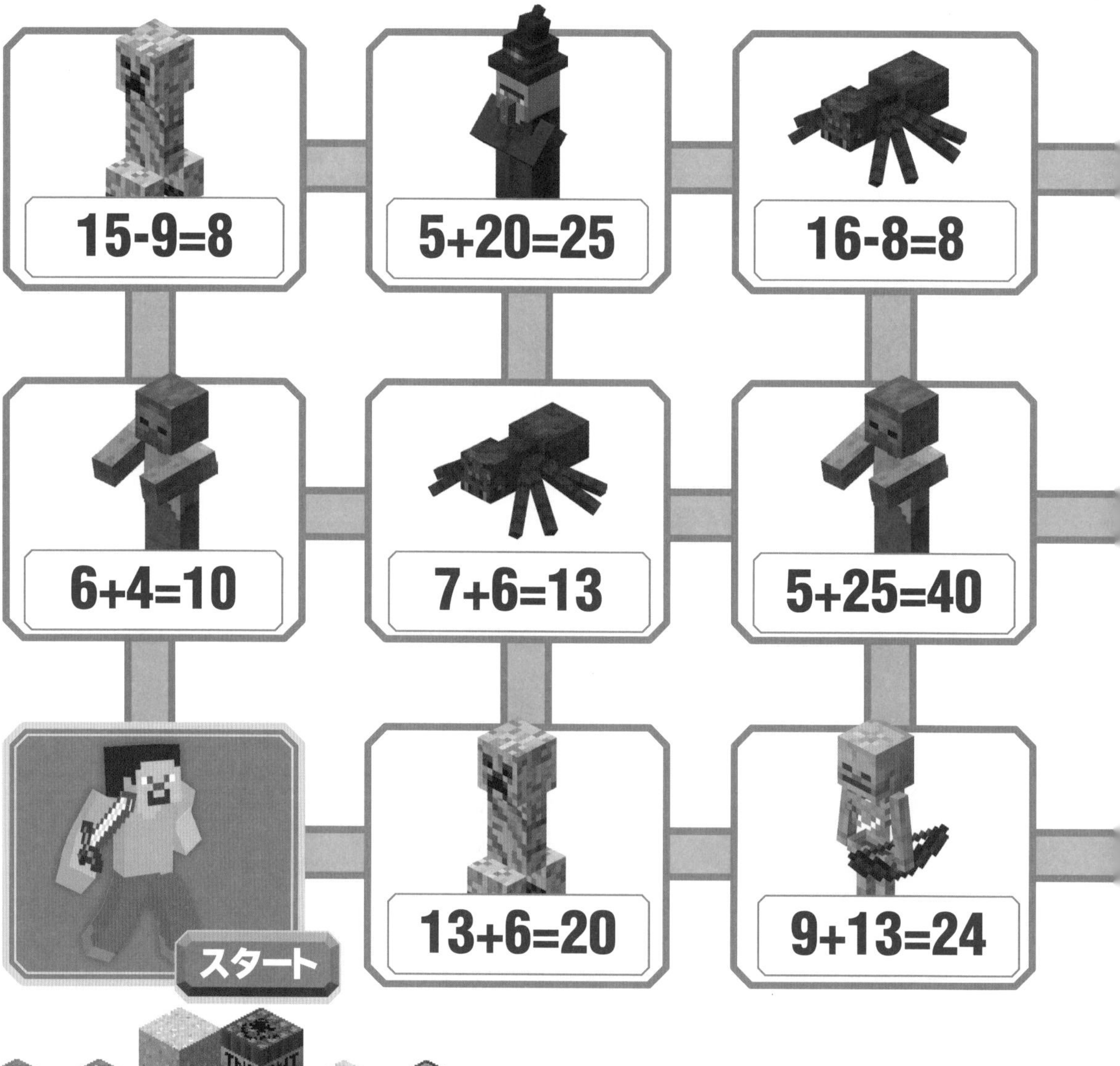

15-9=8	5+20=25	16-8=8
6+4=10	7+6=13	5+25=40
スタート	13+6=20	9+13=24

マイクラ攻略まめちしき 大きな洞窟では ダイヤモンドを 見つけやすい！

ダイヤモンド鉱石は げんざいの バージョンでは Y座標が -4から-65で 見つかりやすい（座標は せっていの「座標を表示」を オンで 左上に ひょうじ）。ちかふかくにある ダイヤモンド鉱石だが てんじょうの高い 大洞窟では 見つけやすくなるぞ！

ゴール

5+8=13	11+6=17	○ すすめる
5+8=13	14+6=15	× すすめない

12+8=20

7+19=23

50+40=90

15-6=9

5+35=45

15+25=40

21+9=30

15+11=26

24-7=17

12 プログラミング

ダイヤモンドを　見つけよう

どうくつの　おくふかくでは　ダイヤモンド鉱石が見つかることが　ある。ダイヤモンドは　さいきょうそうびの　ざいりょうに　なるので、チャンスがあれば　手に入れて　おきたい！

クリアした日
月　日

1 鉱石の　あるばしょに　おりよう

どうくつの　おくそこに　ダイヤモンド鉱石を　はっけんしました。スティーブがいるばしょから　ダイヤモンド鉱石が　あるばしょに　おりられる　ルートをさがしてみましょう。

いどうの　ルール　1ブロックの　高さなら　おりられます。ぜんご左右にブロックが　つながっていれば　いどうできます。

○

○

×

×
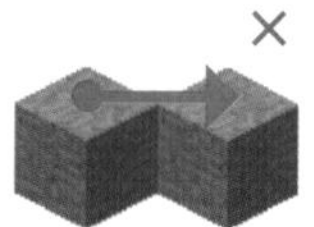

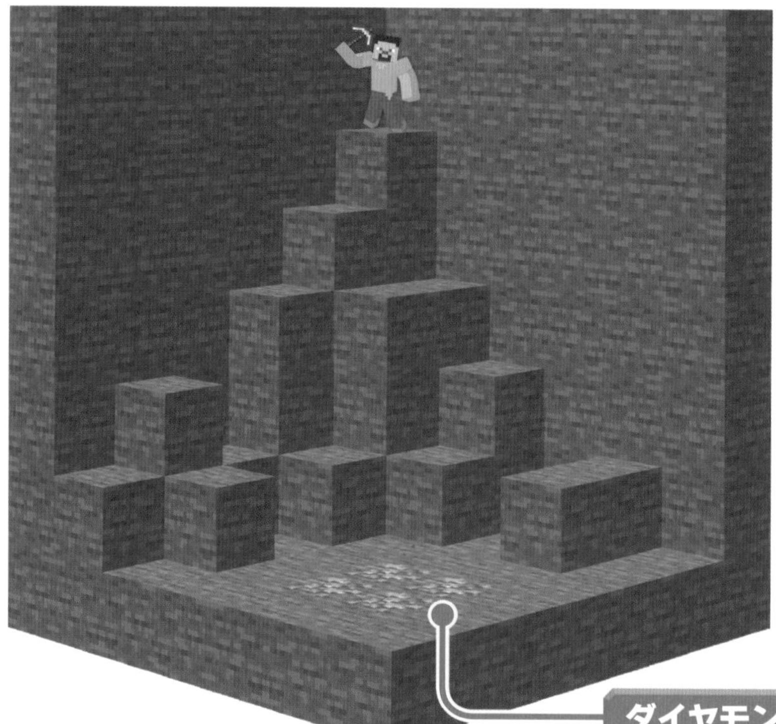

2 ダイヤモンドを　たくさん　あつめよう

スティーブは　A〜Cのはんいから　1つだけ　えらんで、ツルハシで　1回だけほることが　できます。どのはんいが　いちばん　ダイヤモンド鉱石を　多く　ほれるでしょうか？　いちばん　ダイヤモンド鉱石が　ほれるはんいと　ばしょを　下のマスに　かきこんで　みましょう。なお、A〜Cのはんいは　かいてんしても　OKです。

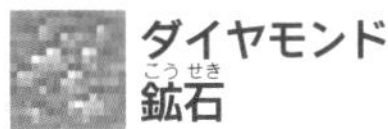

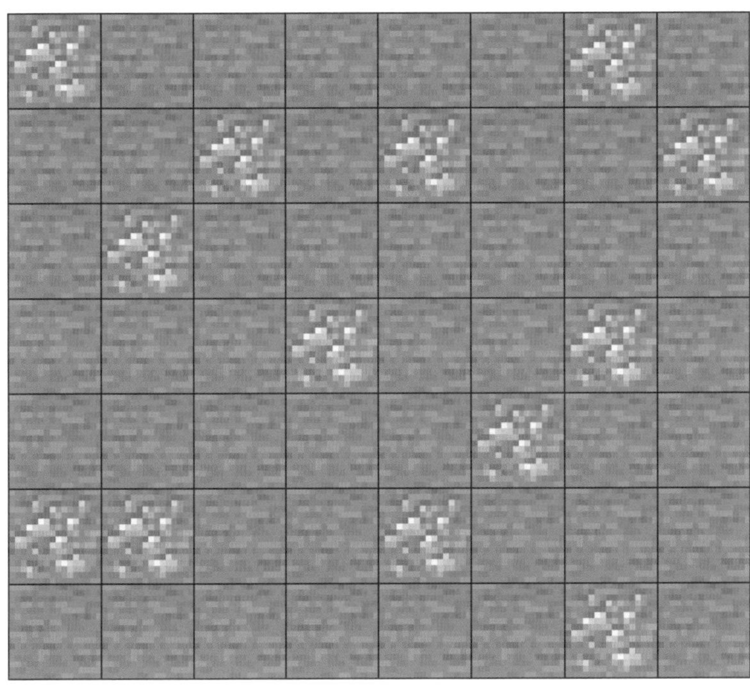

ほれるのは　1かいだけ！　なるべくたくさんの　ダイヤモンド鉱石が　はんいに　入るようにしてね！

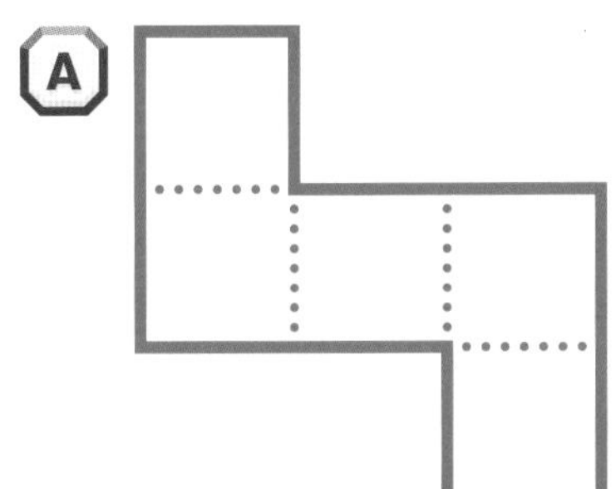

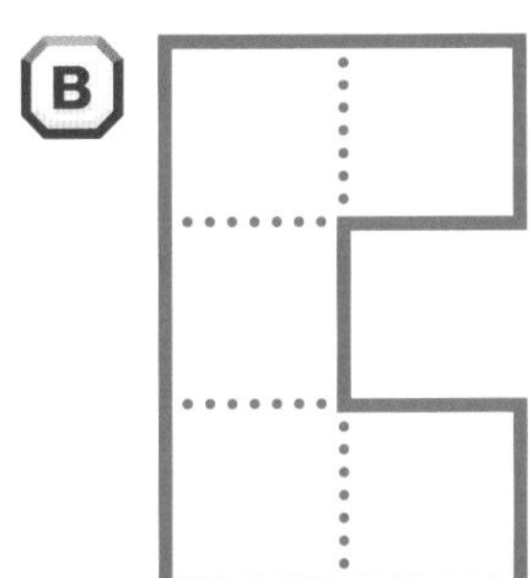

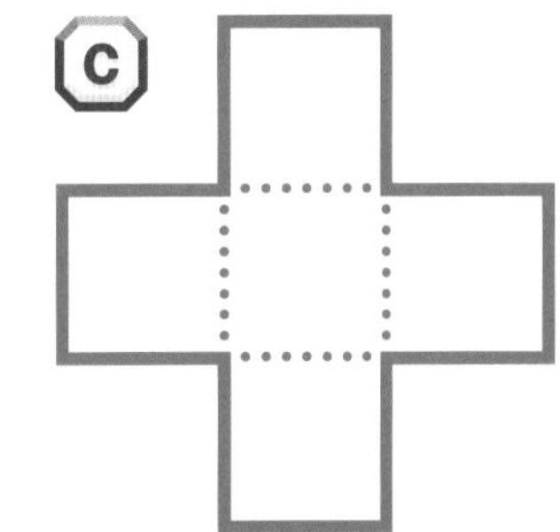

マイクラ攻略まめちしき　幸運エンチャントで　ドロップ数を　アップ！

ダイヤモンド鉱石の　ブロック1個を　こわして　ドロップする　ダイヤモンドの数は　1個だが、幸運の　エンチャントが　ついた　ツルハシで　ダイヤモンド鉱石を　こわすと　ダイヤモンドがより多く　ドロップするようになる。さいだいレベルの　幸運Ⅲが　ついた　ツルハシがあれば、1個の　鉱石ブロックを　こわすだけで　さい大　4個まで　ダイヤモンドが　ドロップする。

13 さんすう・プログラミング

繁茂した洞窟を　はっけん！

グロウベリーや　ドリップリーフ　苔などが　生える「繁茂した洞窟」に　たどりついたようじゃ。この洞窟にいる　ウーパールーパーは、モンスターを　こうげきして　たたかって　くれるのじゃ！

クリアした日
月　　日

1 ドリップリーフを　つかって　ゴールを　めざそう

スタートと　ゴールの　あいだには　川があり、ちょくせつゴールに　むかうことは　できません。しかし、ドリップリーフ（）を　水めんに　うかべると、川を　わたることが　できます（1マス　わたるのに　1まい　ひつよう）。ゴールまでに　さいてい　何まい　ドリップリーフが　ひつように　なるでしょうか？
なお、スティーブは　斜めに　いどうしたり、水中に　入ることは　できません。

○いどう　できる

×いどう　できない

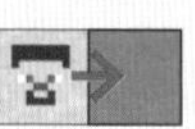

×いどう　できない

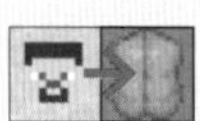

○いどう　できる

ドリップリーフ：川のマスに　おくと、水の上を　あるけるように　なります

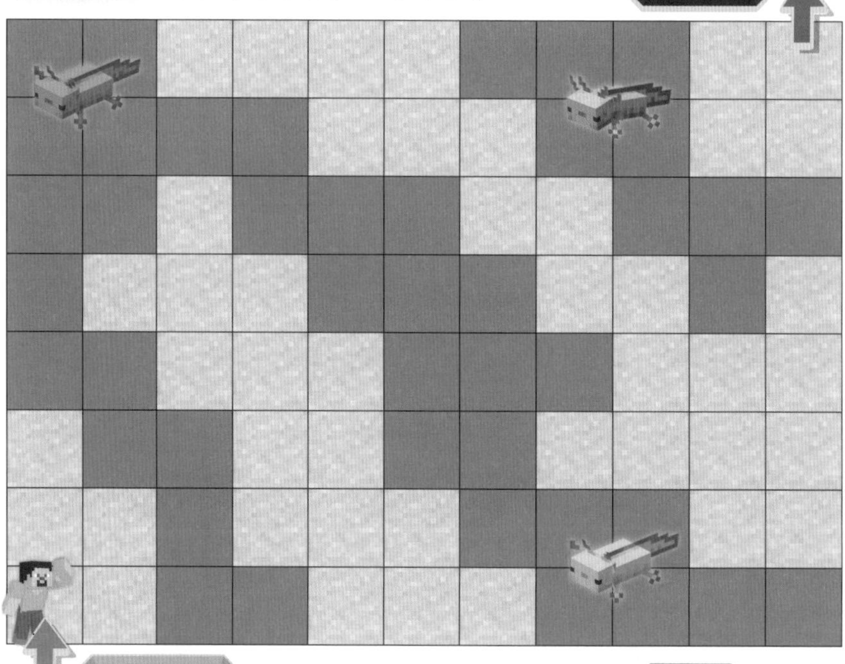

答え. ドリップリーフは　　　まい　ひつよう

2 ウーパールーパーの数をかくにんしよう

繁茂した洞窟には、ウーパールーパーが　いました。ウーパールーパーには　ピンクいろ（）・きんいろ（）・水いろ（）・ちゃいろ（）・青いろ（）の　5しゅるいが　います。つぎの　もんだいに　答えましょう。

1 ウーパールーパーは　ぜんぶで　何ひきいますか。

答え.　　ひき

2 ピンクいろと　きんいろ　では、どちらの　数が　多いですか。

答え.　　のウーパールーパー

3 ちゃいろと　青いろを　足した数と　おなじ数が　いる　ウーパールーパーは、何いろの　ウーパールーパーでしょう。

答え.　　のウーパールーパー

マイクラ攻略まめちしき

青のウーパールーパーは　とってもレア!

ウーパールーパーは、5しょくの　ウーパールーパーが　いる。そのうち、青のウーパールーパーは、ウーパールーパーに　子どもを　生ませることでしか　しゅつげんしない。しかも、およそ1,200ぴきに　1ぴきしか　生まれてこない　レアないろの　ウーパールーパーだ。

さんすう・プログラミング

14 沼地を　こえて　すすめ!

洞窟を　ぬけて、沼地に　たどりついたぞ。沼地に　いる　スライムは、どうぶつを　つれて行くことが　できる「リード」の　もとになる「スライムボール」を　おとす、レアな　モンスターじゃ。

クリアした日
月　日

1 ぶんれつする　スライムを　たおそう

スライムは、たおすと　大スライム→中スライム→小スライムという　じゅんばんで　ぶんれつして　ふえます。つぎの　もんだいに　答えましょう。

スライムは、何ども　たおす　ひつようが　あるよ！

1 大スライムが　2体（AとB）あらわれました。大スライムAは　中スライム2体に　なり、中スライムは　2体とも　小スライム2体に　ぶんれつしました。大スライムBは　中スライム3体に　ぶんれつして、中スライムは　3体とも　小スライム2体に　ぶんれつしました。小スライムは　ぜんぶで　何体でしょう。

答え. 小スライムは　□　体

2 大スライムCが　あわられました。大スライムCは　中スライム4体に　ぶんれつしました。その中スライムは、2体が　小スライム4体に　のこり2体が　小スライム3体に　ぶんれつしました。大スライムCは　小スライム何体に　ぶんれつしたでしょう。

答え. 小スライム　□　体に　ぶんれつした

2 正しいブロックを　あてはめよう

沼地には、巨大なキノコが　生えています。しかし、いちぶぶんが　かけているようです。かけている　ぶぶんの　ブロックとして　正しいものを、A～Cから　えらびましょう。

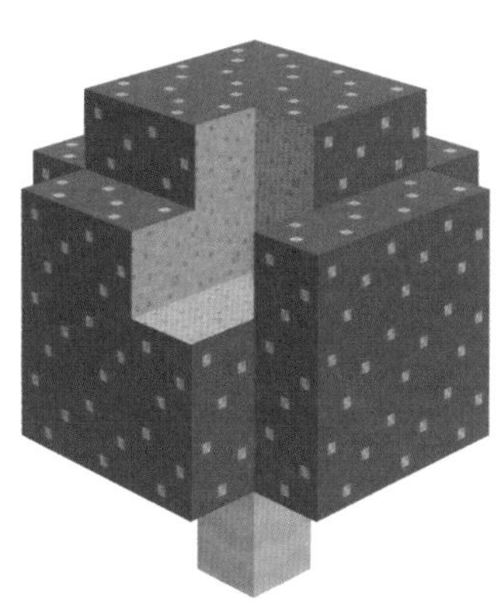

正しいキノコの　しゃしん

A

B

C

ヒント！

うちがわの　ブロックは
かけているぶぶんの　いろと
おなじいろに　なるわよ！

答え.　　　のブロック

マイクラ攻略まめちしき　スライムは　まん月の夜に　大はっせい！

マイクラの　スライムは、かなり　見つけにくい　モンスターだ。しかし、沼地では　まん月の夜に　スライムが　大はっせいする。リードいがいにも、粘着ピストンや　マグマクリームなど　だいじな　アイテムの　そざいになるので、沼地があれば　大りょうに　たおしておきたい。

15

さんすう

カメのたまごを　まもろう!

かいがんで　カメのたまごを　見つけたぞ！　しかし、ゾンビたちが　カメのたまごを　こわそうとして　あつまっているようじゃ。ゾンビの　こうげきから、たまごを　まもるんじゃ！

クリアした日

月　日

1 ゾンビから　カメのたまごを　まもろう

けいさんもんだいに　答えて　ゾンビを　おいはらいましょう。また、下のけいさんもんだいの　中で、いちばん小さい答えと　いちばん大きい答えは　どれでしょう。

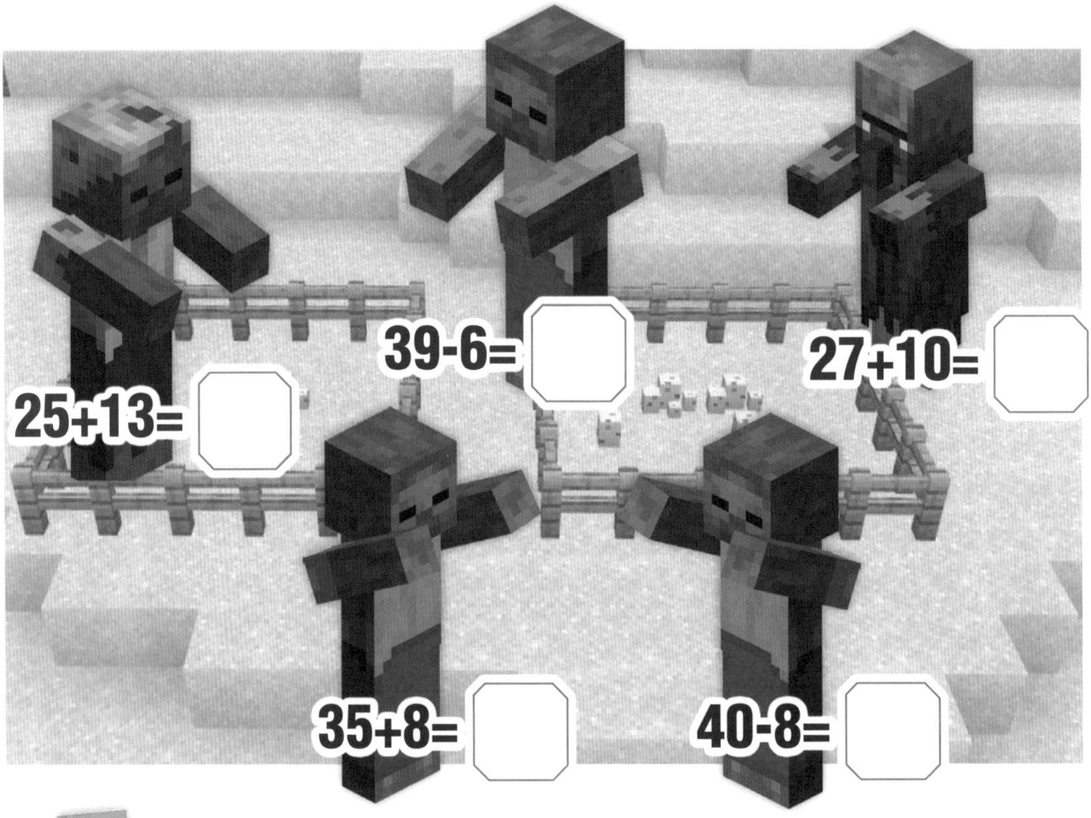

39-6=

27+10=

25+13=

35+8=

40-8=

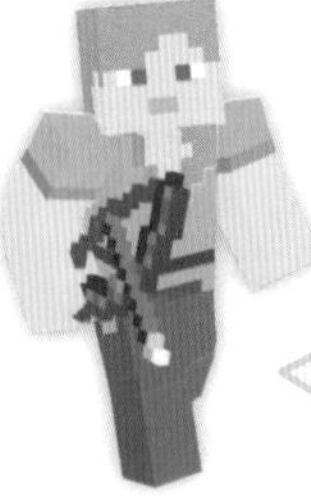

ゾンビは　たまごを
ふんで　こわそうと
してくるわ！

答え. いちばん小さい答えは

答え. いちばん大きい答えは

2 カメを　そだてよう

子どものカメを　そだてて、カメのウロコを　もらいましょう。カメのたまごは　子どものカメが　かえるまで　40分かかります。子どものカメは、カメに　せいちょうするまで　20分かかります。つぎの　もんだいに　答えましょう。

カメが　せいちょうするまでの　じかん

カメのたまご → 40分 → 子どものカメ → 20分 → カメ

1 カメがうんだ　たまごから　かえった　子どものカメが、カメまで　せいちょうしました。この　せいちょうしたカメが、すぐに　たまごを　うみました。このたまごから　かえった　子どものカメが　カメに　せいちょうしたとき、さいしょの　たまごから　何分　かかっているでしょうか。

答え. ごうけいで　　　分　かかっている

2 子どものカメに　海草を　あたえると、カメに　せいちょうするまでの　じかんが　2分　みじかくなります。子どものカメに　海草を　3個あたえたばあい、たまごから　カメに　せいちょうするまでの　じかんは　何分に　なりますか。

海草：1つあたえるごとに　そだつじかんが　2分　みじかくなる

答え.　　　分で　たまごから　カメに　せいちょうする

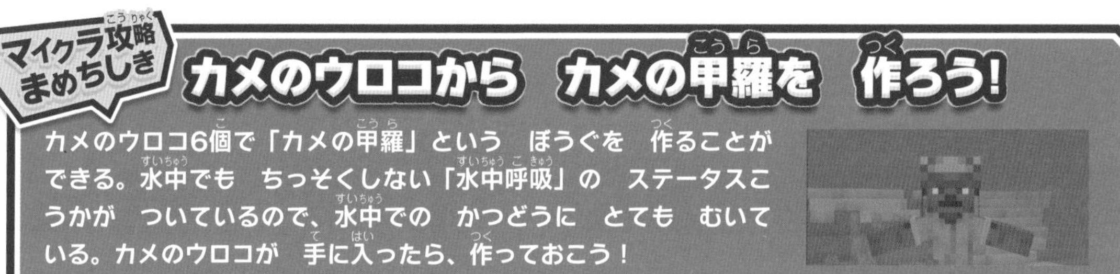
マイクラ攻略まめちしき　カメのウロコから　カメの甲羅を　作ろう!

カメのウロコ6個で「カメの甲羅」という　ぼうぐを　作ることができる。水中でも　ちっそくしない「水中呼吸」の　ステータスこうかが　ついているので、水中での　かつどうに　とても　むいている。カメのウロコが　手に入ったら、作っておこう！

さんすう・プログラミング

難破船を　はっけん！

イルカが　難破船に　あんないを　してくれるようじゃ。難破船では、海での　さいくつが　ラクになる「コンジット」の　そざいとなる「海洋の心」のばしょを　かいた「宝の地図」が　手に入るぞ！

クリアした日

月　　日

1 イルカと　いっしょに　難破船を　めざそう！

イルカの　あんないで　難破船を　めざしましょう。ただし、とちゅうで　さかな（生鱈）を　3マスおきに　とりながら　すすむひつようが　あります。おなじ　マスは　とおれません。

ゴール

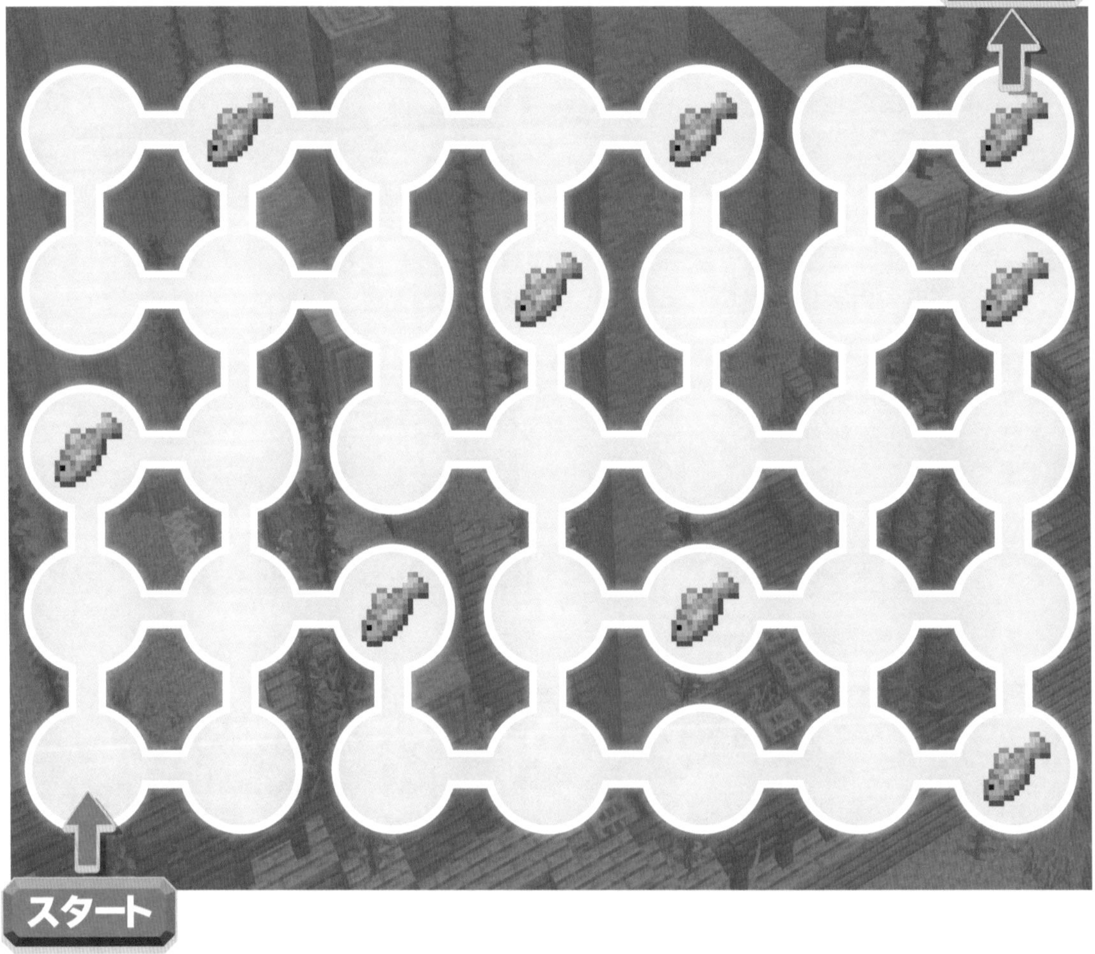

スタート

2 宝の地図が　入ったチェストを　あてよう

沈没船で　4つの　チェストが　見つかりました。下の　3つのじょうけんが　すべて　あてはまる　チェストに、「宝の地図」が　入っています。宝の地図は　どのチェストに　入っているでしょう。

紙　羽根　金インゴット　ダイヤモンド　コンパス

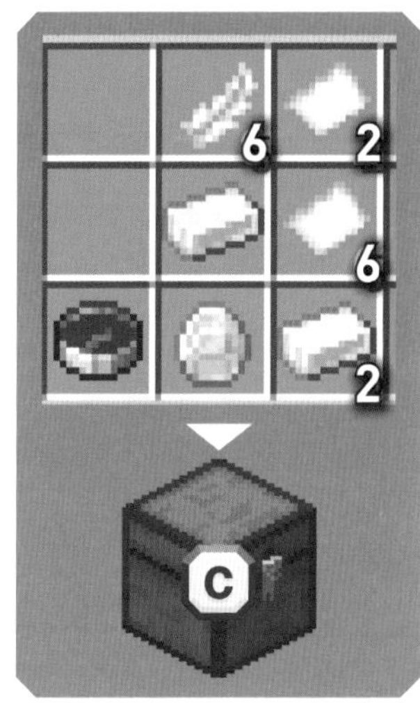

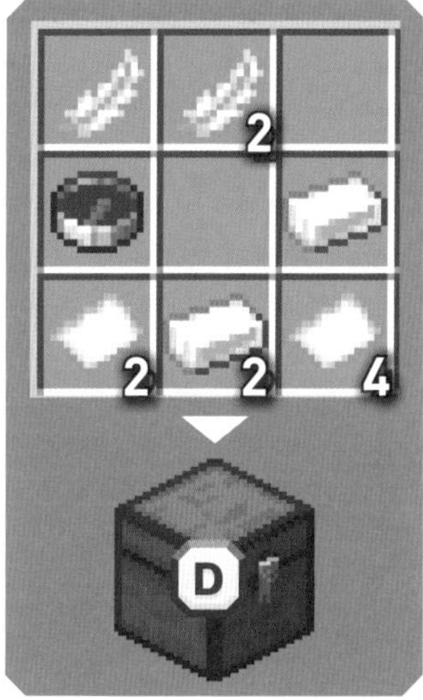

1. 紙が　羽根よりも　多く入っている
2. 金インゴットが3個　ダイヤモンドが1個入っている
3. コンパスが　いちばん左のれつに　入っている

答え. 宝の地図が　入っているチェストは

マイクラ攻略まめちしき　イルカは　リードで　つれて行くことが　できる

イルカは、リードをつかって　きょてんに　つれて行くことができる。ただし、水べを　ちかくに　よういして　おかないと、ちっそくして　イルカが　しんでしまう。リードで　ひっぱれば　りくにも　つれて行くことが　できるが、ちっそくには　きをつけよう。

17

さんすう・プログラミング

海中(かいちゅう)での　たたかい

難破船(なんぱせん)を　出(で)ると、溺死(できし)ゾンビが　おそってきたぞ！　溺死(できし)ゾンビは　きょう力(りょく)な「トライデント」を　おとすことも　あるが、むりに　たたかうのは　きんもつじゃ！

クリアした日(ひ)

月(がつ)　日(にち)

1 どうぶつや　モンスターの　数(かず)を　かくにん

難破船(なんぱせん)を　出(で)ると、まわりには　多(おお)くの　どうぶつや　モンスター（溺死(できし)ゾンビ）が　およいでいました。つぎの　もんだいに　答(こた)えましょう。

1 イカ と　ヒカリイカ は　合(あ)わせて　何体(なんたい)いますか。

答(こた)え.　　体(たい)

2 トライデントを　持(も)つ　溺死(できし)ゾンビ は、持(も)たない　溺死(できし)ゾンビ より何体少(なんたいすく)ないですか

答(こた)え.　　体(たい) 少(すく)ない

3 どうぶつ と　溺死(できし)ゾンビ では、どちらが　何体多(なんたいおお)いですか。当(あ)てはまるほうに　○をつけて　数(かず)を　答(こた)えましょう。

答(こた)え.（どうぶつ・溺死(できし)ゾンビ）が　　体(たい) 多(おお)い

2 溺死ゾンビを　たおそう

難破船を　はなれようと　おもったところ、溺死ゾンビが　おそってきました。溺死ゾンビが　もっている　数字について、数字を　たしたときに　もとの数字に　なるように　2つまたは　3つに　わけましょう。

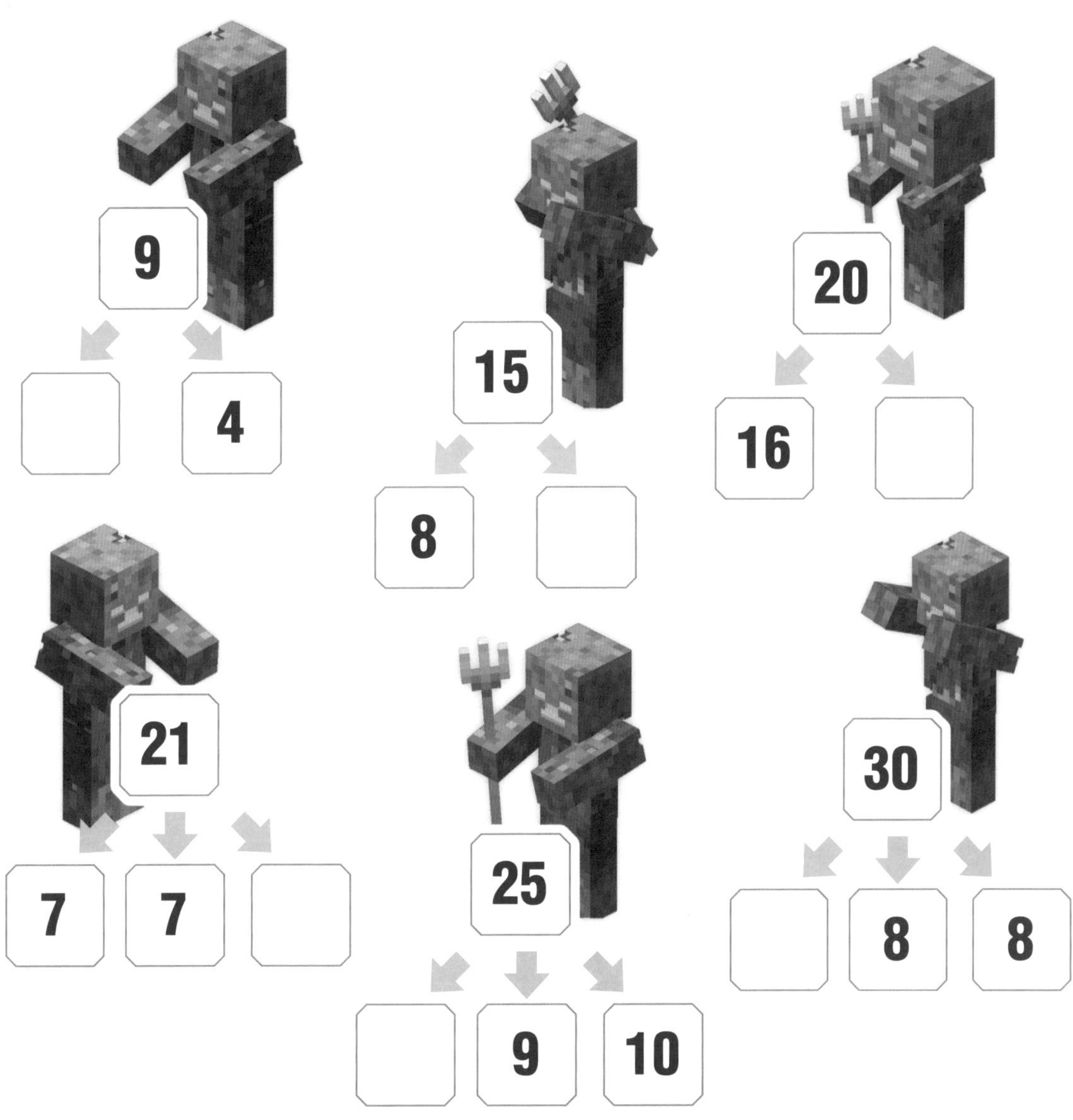

マイクラ攻略まめちしき　溺死ゾンビから　トライデントを　入手するには？

トライデントは　きょう力な　えんきょりぶき。溺死ゾンビを　たおすことで　入手できるが、げんざいの　バージョンでは　手に　トライデントを　もっている　溺死ゾンビを　たおしたときにのみ　入手することができる。とてもレアな　ぶきなので、トライデントを　もっている　溺死ゾンビを　見つけたら　ねらって　たおしにいこう。

18

プログラミング

さばくの　ピラミッドを　さがせ！

ひろいさばくの　ぼうけんには　ラクダが　いると べんりじゃ。ラクダを　のりこなすために　ひつような　「鞍」という　レアアイテムが　ピラミッドに　かくされている　という　ウワサなんじゃが…

クリアした日

月　　日

まちがいさがしを　することで 「観察力」と「洞察力」を　きたえられるぞ！

もし　むずかしいと　おもったら、 お父さん　お母さんと　いっしょに　やってみてね！

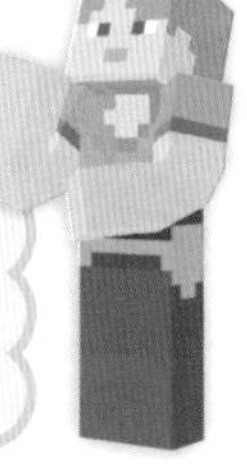

1 ピラミッドの　まちがいを　みつけよう

さばくを　あるきまわって　いたら、2つの　ピラミッドを　見つけることが
できました。ですが、かたほうは　どうやら　まぼろしの　ようです。まぼろしの
ピラミッドは　ふつうの　ピラミッドと　くらべると、7つの　ちがいが
あるようです。2つの　しゃしんを　よく見くらべて、すべての　まちがいを
さがして　マルで　かこって　みましょう。

マイクラ攻略まめちしき　ピラミッドにある　怪しげな砂を　さがそう!

さばくにある　ピラミッドの　中には、まれに　怪しげな砂という　ブロックが　見つかることがある。怪しげな砂ブロックに　ブラシという　アイテムを　つかうと、ブロックから　レアなアイテムが　出てくることがある。とくに　壺の欠片は　怪しげな砂（または怪しげな砂利）からしか手に入らない　レアアイテムだ。怪しげな砂ブロックは　ふつうの　砂ブロックと　よくにているため　見わけが　つきにくい。まちがって　ブロックを　こわさないように　きをつけよう。

さんすう・プログラミング

19 ピラミッドの たからばこを ゲット!

ピラミッドの たからが 入ったチェストは、まん中の 青色のテラコッタの 下に あるのじゃ! トラップが きどうしないように、もんだいを といて ぶじに チェストまで たどりつくのじゃ!

クリアした日

月 日

1 パーツを はめて 大ひろまを なおそう

ピラミッドの 大ひろまは、ゆかの ぶぶんが こわされていました。A～Eの パーツで ゆかを なおしましょう。パーツの かたちに せんを ひいて、あてはめて いきましょう。A～Eの パーツは、かいてんさせずに つかいます。

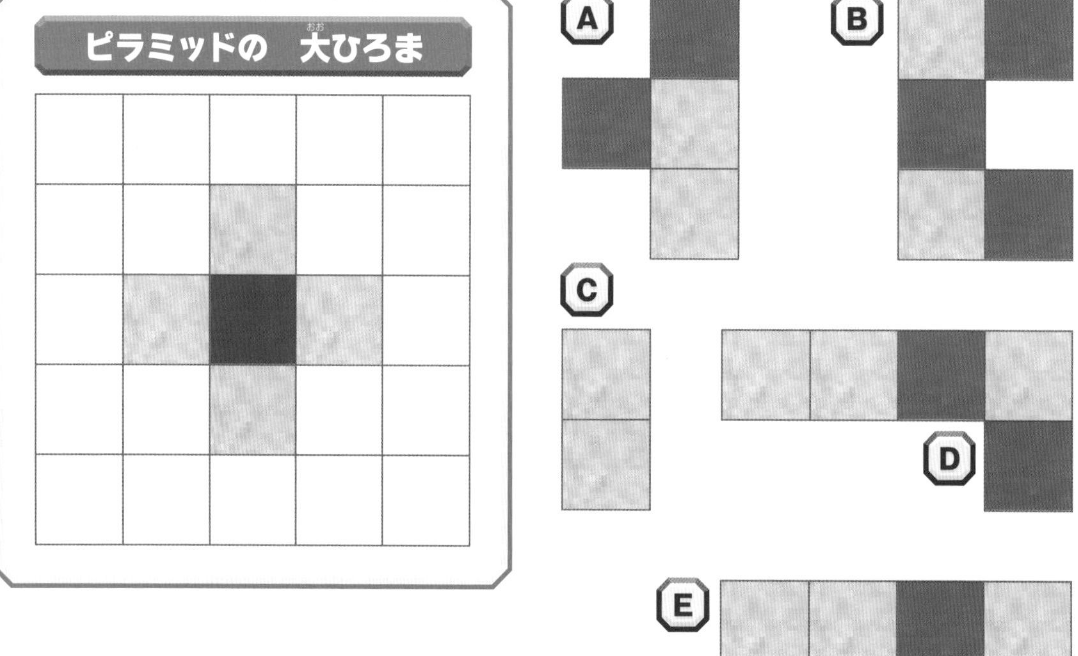

ヒント!

小さいパーツは、あとまわしにして かんがえよう! 大ひろまを かんせいさせると、ちゃいろの ブロックが もように なるわよ!

2 数字を　よそうして　たからばこを　入手!

ピラミッドの　大ひろまに　数字の　うずまきが　あります。いちぶが　空らんになっていますが、数字は　きそくてきに　ならんでいるようです。この　空らんをうめないと、おたからを　入手できません。数字を　よそうしてみましょう。

数字の　ふえかたには　何かルールが　あるみたいだよ！

マイクラ攻略まめちしき　トラップを　かいひして　おたからを　ゲット!

ピラミッドの　まん中にある　テラコッタを　こわすと、下には　感圧板と　チェストが　4つ　ならんでいる。チェストを　あけようとして　感圧板を　ふんでしまうと、TNTの　大ばくはつがおこってチェストが　ふっとんでしまう。さきに　感圧板を　こわそう！

20

プログラミング

ラクダを　ぼうけんの　なかまにしよう

ぶじに　鞍を　手に入れることが　できたので、つぎは　ラクダを　手に入れよう！　ラクダは　さばくの村に　いるので、村人に　たのんで　ゆずって　もらうことに　しよう。

クリアした日

月　日

1 どの　ラクダが　もらえるかな?

さばくの村の　村人が、「ラクダを　1とう　あげよう」と　いってくれました。村人が　くれる　ラクダは　A～Dのうち、どのラクダでしょうか？　村人の　はなしている　ないようから　もらえる　ラクダを　見つけましょう。

A

B

C

D

あそこに　立っている　ラクダを　あげよう。あのラクダは　ネコと　とても　なかよしで　いつも　いっしょに　いるんだ！　鞍は　つけてないから、自分で　もっている　鞍を　つかってね。

ヒント！

鞍は、どうぶつの　せなかに　おいて　人を　のせる　道具だよ！

答え.　　　のラクダ

2 ラクダに　のって　さばくを　ぬけよう

手に入れた　ラクダに　のって、さばくを　ぬけて　ゴールに　むかいましょう。ラクダは　サボテンと　水の　あるマスは　とおることが　できません。ただし、水のある　マスは　1マスだけなら　とびこえることが　できます。つうかする　マスが　いちばん　すくない　ルートを　かきこんで　みましょう。

いどうの　ルール

6ほうこうに　いどうすることが　できます。サボテンのマスと　水のマスは　とおりぬけ　できませんが、水のマスは　1マスだけなら　ジャンプできます。

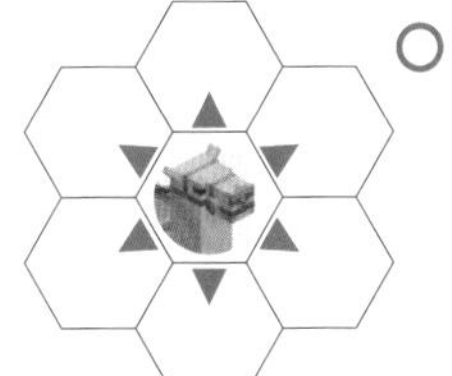

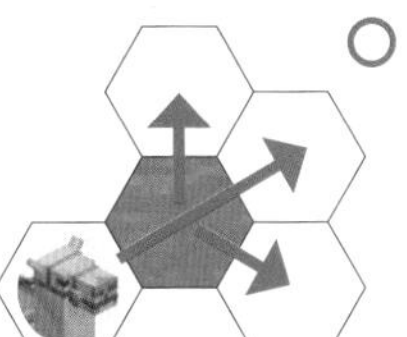

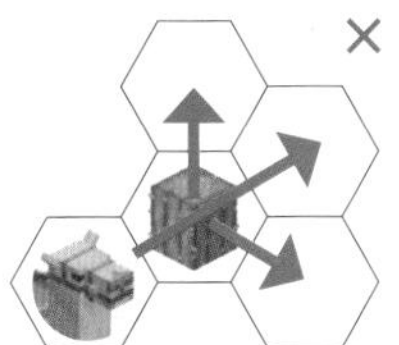

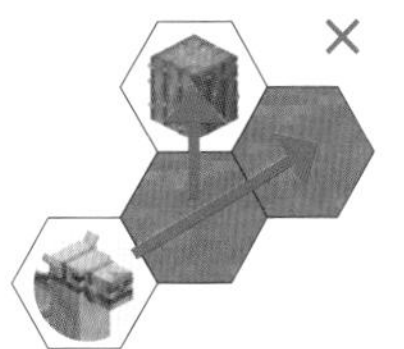

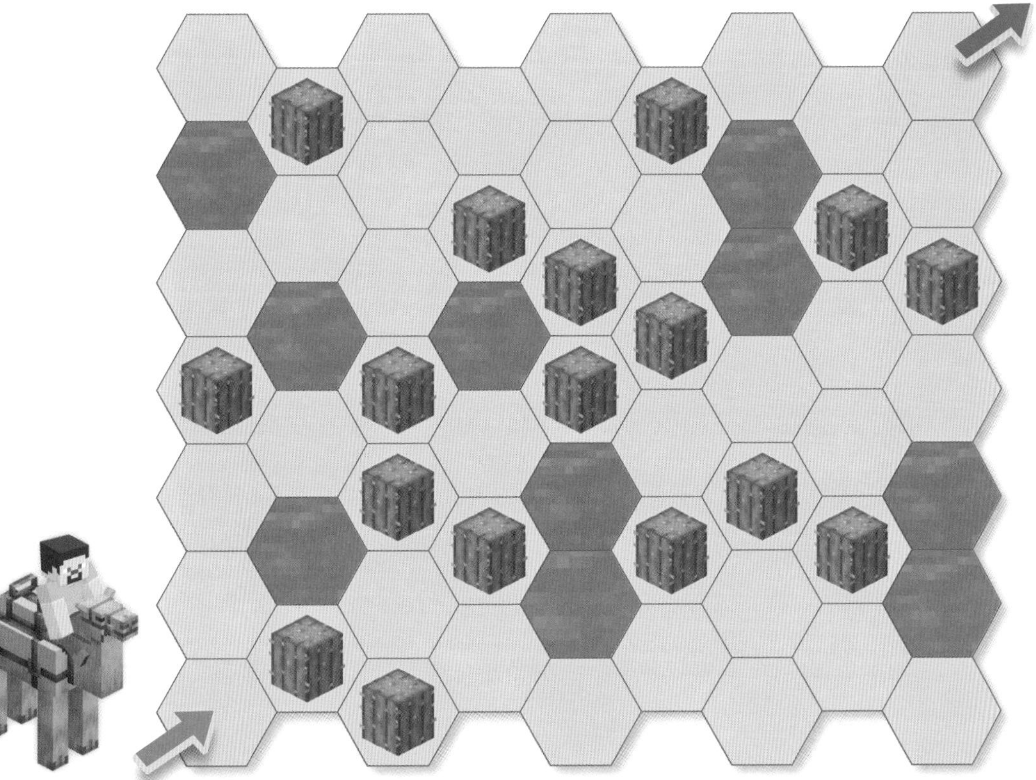

スタート

21

さんすう・プログラミング

森にかくされた　洋館を　さがそう

ついに　森の洋館が　ちかづいて　きたようじゃ！
探検家の地図を　かくにんして、ふかい森の　中に
ある　洋館の　ばしょを　さがすのじゃ！

クリアした日
月　日

1 地図をひらいて　洋館のばしょを　たしかめよう

下の　1～3の　てじゅんの　とおりに じっさいに　せんをひいて、森の洋館の
ばしょを　あてましょう。森の洋館は　A～Dの　どこに　あるでしょうか。

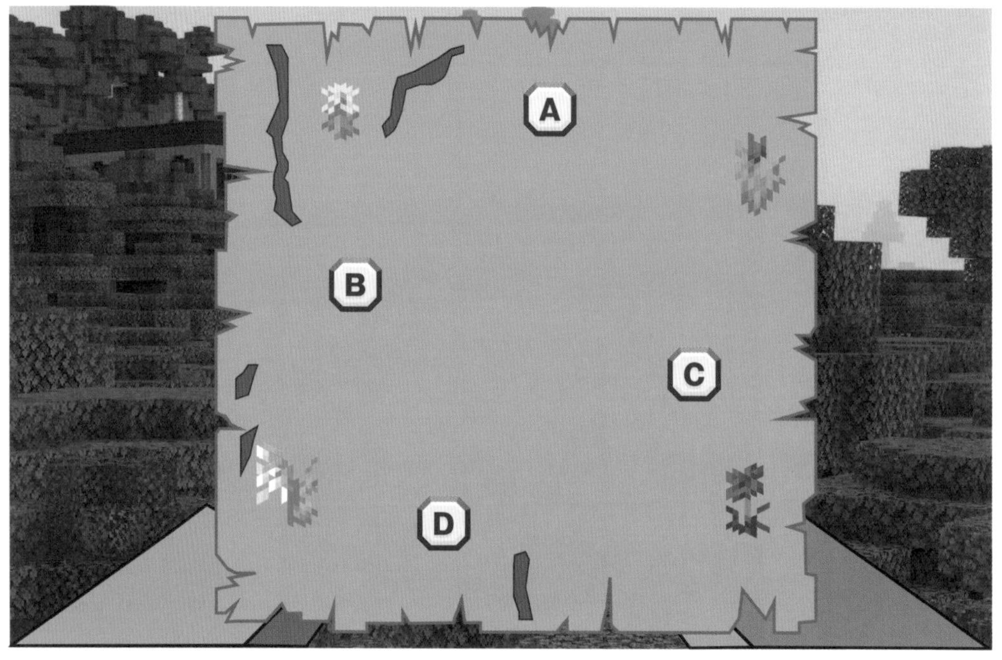

1 じょうぎを　つかって　タンポポ と　ポピー を　せんでつなぐ

2 じょうぎを　つかって　チューリップ と　スズラン を　せんでつなぐ

3 森の洋館は　1のせん　よりも下、2のせん　よりも上に　ある

答え．森の洋館の　ばしょは

2 洋館に　たどりつこう

洋館は、森の　おくふかくに　あります。どうぶつの　なまえが「2文字→3文字→4文字→2文字→3文字→4文字→……」の　じゅんばんに　なるように　すすんで、ゴールを目ざしましょう。

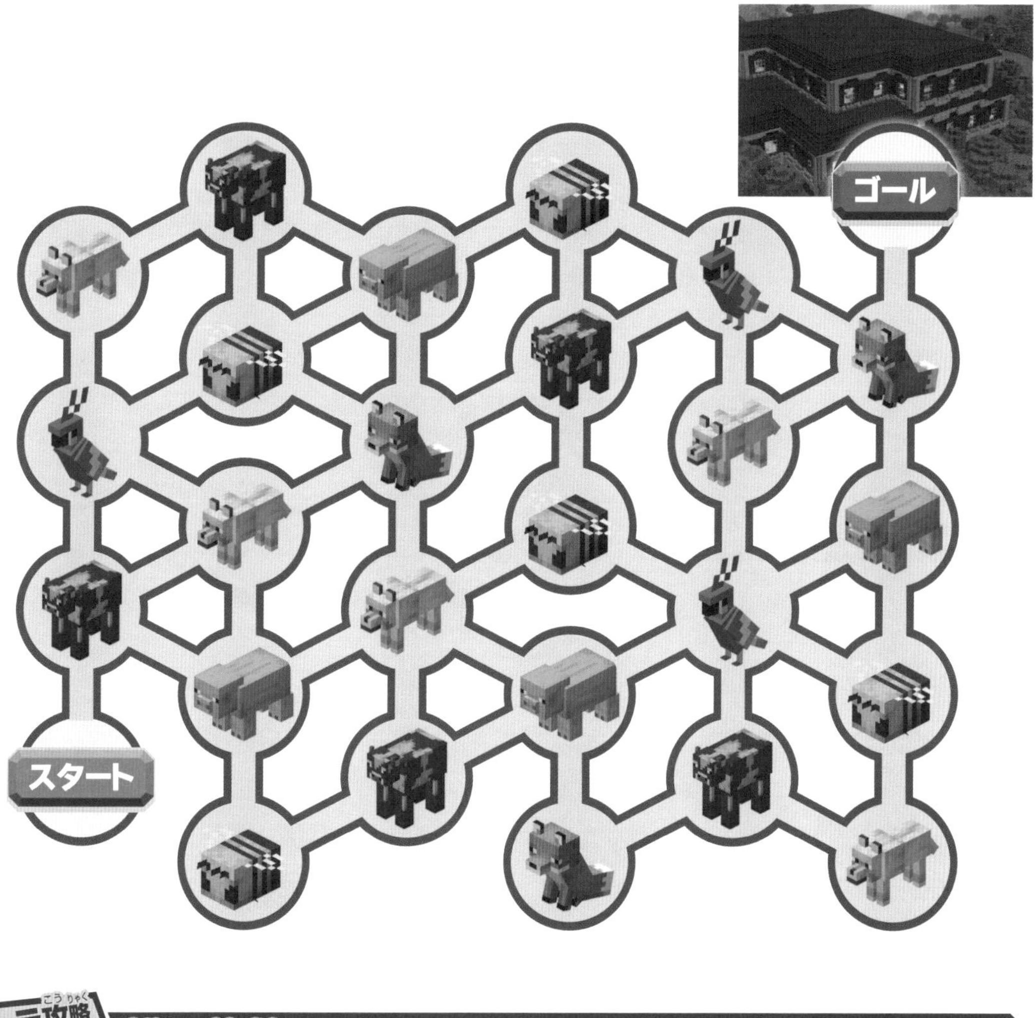

ゴール

スタート

マイクラ攻略まめちしき　森の洋館が　もえてしまうのを　ふせぐには?

森の洋館は　ほとんどが　もえるブロックで　できている。森の洋館が見えてきたときに　ようがんが　ちかくにあると、どんどんもえてしまう。「設定」→「ゲーム設定」→「ワールドの設定」から「火の延焼」をオフにしておくと、もえてしまうのを　ふせぐことが　できるぞ。

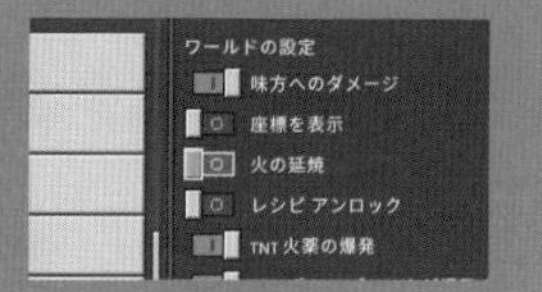

さんすう・プログラミング

22 森の洋館を　たんさくする

森の洋館は　とてもひろい　たてもので、50しゅるいもの　へやが　あるそうじゃ。たてものの　あちこちに　モンスターが　いるので、ゆだんせずに　たんさくするのじゃ！

クリアした日

月　日

1 おそってくる　てきを　たおそう

洋館の中で　あらわれる　モンスターを　剣で　たおしましょう。1回の　こうげきで、こうげき力の　ハートのぶん　モンスターの　HPを　へらせます。つぎの　もんだいに　答えましょう。

鉄の剣

こうげき力：

ダイヤモンドの剣

こうげき力：

ヴィンディケーター

HP:

クリーパー

HP:

ヴェックス

HP:

① 鉄の剣で　ヴィンディケーター・クリーパー・ヴェックスを　1体ずつ　たおすと　ごうけいで　何回　こうげきする　ひつようが　ありますか。

答え. ごうけいで　　回

② ヴィンディケーターを　たおしたら、鉄の剣が　こわれてしまいました。のこりの　クリーパーと　ヴェックスを　1体ずつ　ダイヤモンドの剣で　たおすばあい、あと何回　こうげきする　ひつようがありますか。

答え. あと　　回　こうげきする　ひつようがある

2 エヴォーカーの　へやを　さがそう

不死(ふし)のトーテムを　もつ　エヴォーカーが　いるという　へやが　わかりました。A～Cの　中(なか)から、正(ただ)しいへやの　がぞうと　おなじものを　さがしましょう。ただし、A～Cは　それぞれ　かいてん　しているので、ならんでいる　どうぐなどを　さんこうにして　へやを　さがしましょう。

正(ただ)しいエヴォーカーの　へや

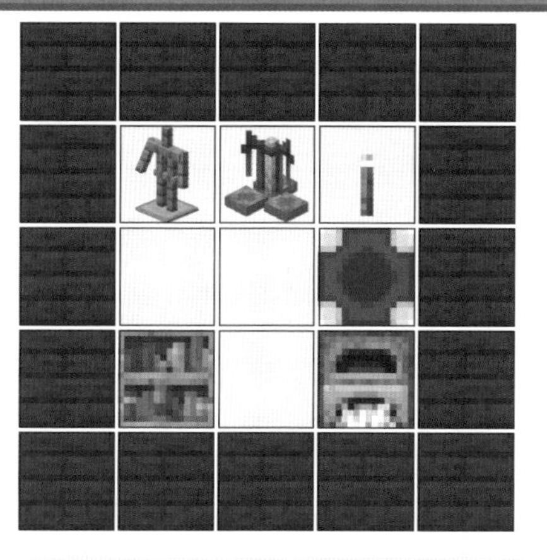

A

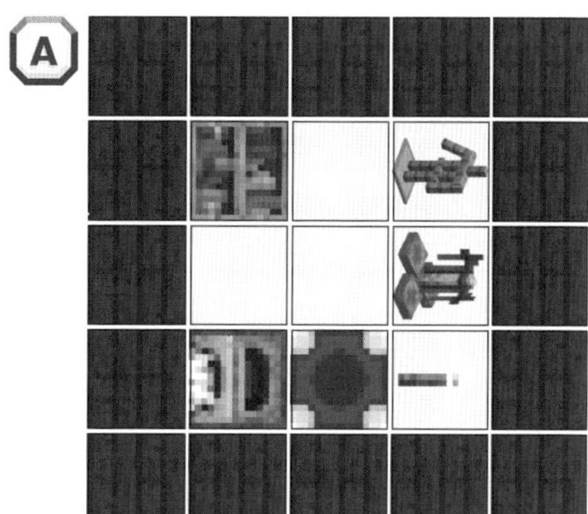

B

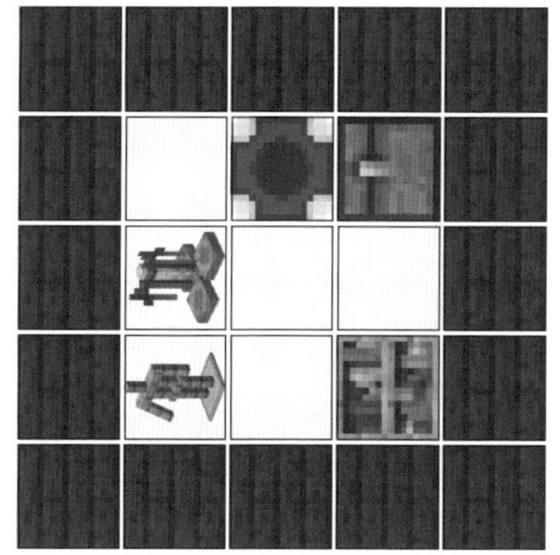

C

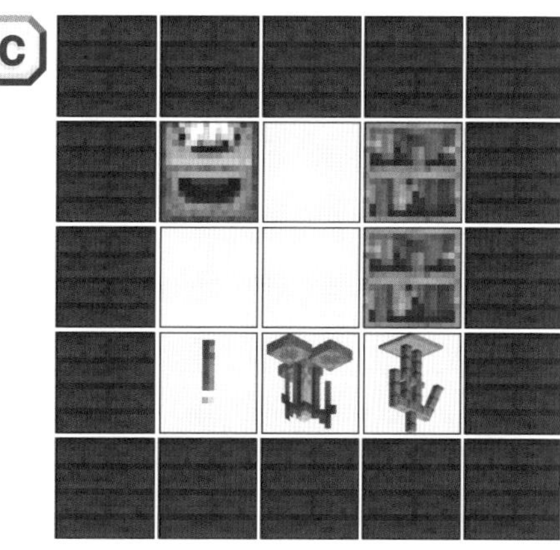

答(こた)え.　［　　］が　エヴォーカーのへや

マイクラ攻略(こうりゃく)まめちしき

森(もり)の洋館(ようかん)には　かくされた　へやもある!?

森(もり)の洋館(ようかん)には　たてものの　うちがわからは　見(み)つからないへやがある。たてものの　そとからさがすと　見(み)つけやすいぞ。かくしべやの　てんじょうを　こわすと、チェストが　あったり　おたからが　手(て)に入(はい)ることが　多(おお)いぞ。

23

さんすう・プログラミング

あくの　まじゅつしを　たおせ！

森の洋館のボス　エヴォーカーは、しんだときに　いちどだけ　ふっかつできる　「不死のトーテム」という　アイテムを　もっているんじゃ。コイツは　何としても　手に入れたい！

クリアした日
月　日

1 まほうの　キバを　よけよう

エヴォーカーは、まほうで　じめんから　きょ大な　キバを　出します。キバは、まわりの　マスまで　かみついて　きます。キバに　かまれないように、エヴォーカーの　いるばしょまで　いきましょう。

かみつく　はんい

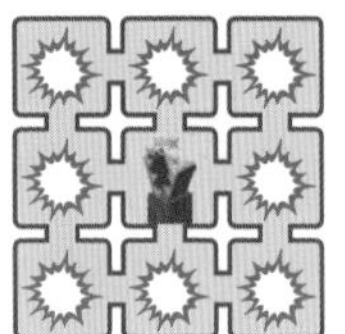

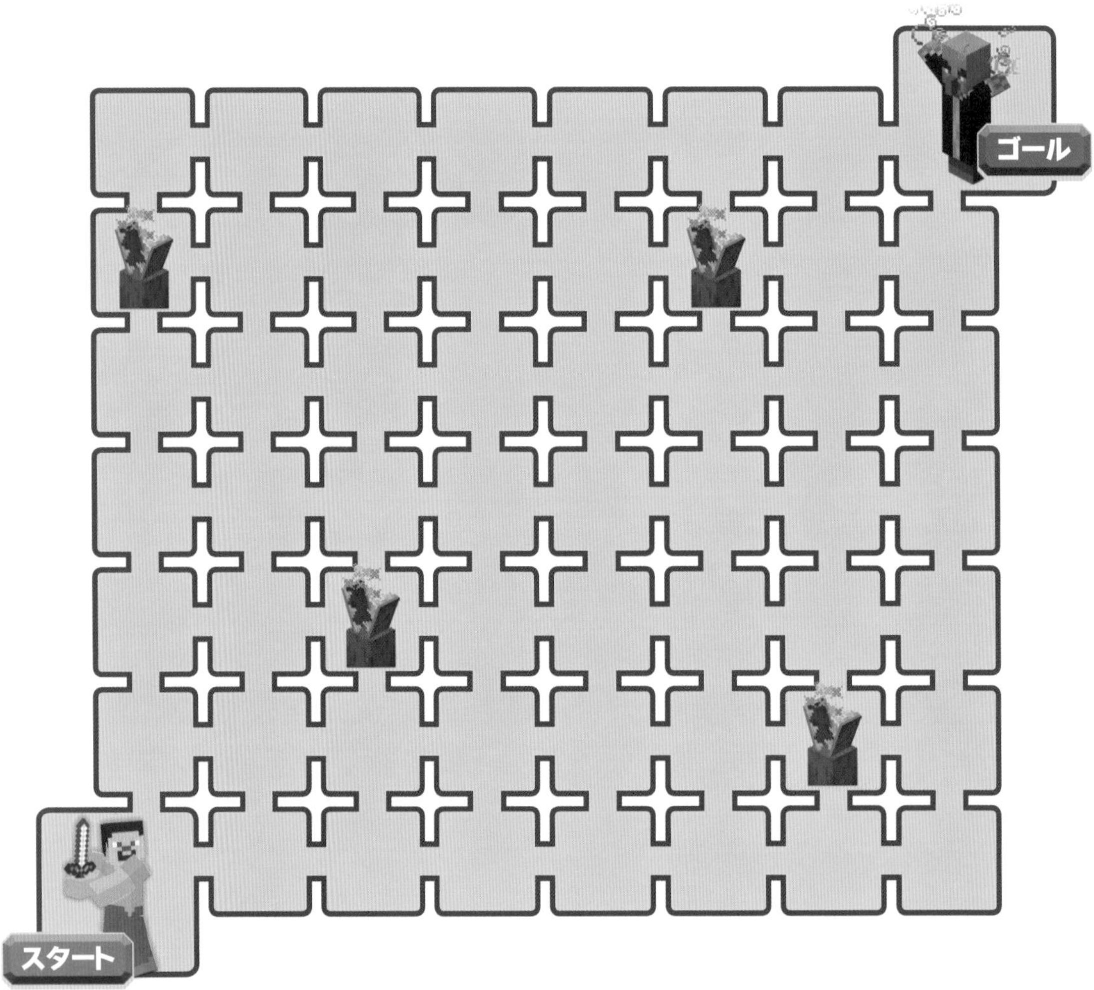

ゴール

スタート

2 まじゅつし　エヴォーカーとの　大バトル!

不死のトーテムを　手に入れるためには、まじゅつし　エヴォーカーを　たおさなければ　いけません。エヴォーカーは、しょうかんまほうで　ヴェックスという　はねのはえた　モンスターを　よびだして　こうげきしてきます。ヴェックスと　エヴォーカーの　出す　けいさんもんだいに　すべて答えて　たおしましょう。

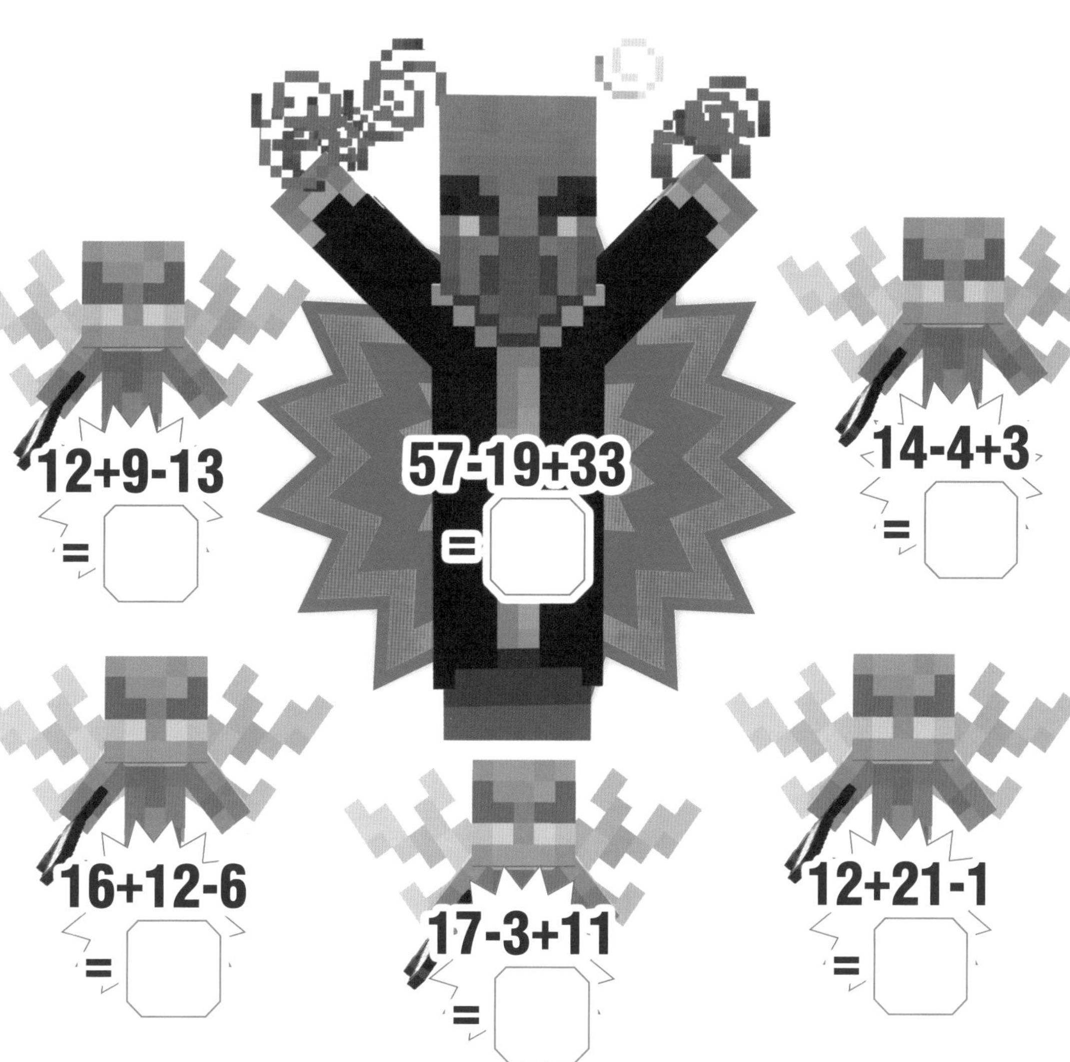

マイクラ攻略まめちしき　エヴォーカーは　青いヒツジが　きらい!?

エヴォーカーは、じぶんの　ちかくに　青いヒツジが　いると、まほうで　赤いヒツジに　かえてしまうという、かわった　しゅうせいが　ある。エヴォーカーが　せんとう中だと　ヒツジの　いろをかえる　まほうを　つかわないので、クリエイティブモードにして　エヴォーカーの　ちかくに　青いヒツジを　つれていけば　かんたんに　見ることが　できる。

24 アレイを　たすけだそう

森の洋館には　ろうやが　いくつかあって、そこにアレイという　ようせいが　つかまっていることがあるんじゃ。プレイヤーに　ゆうこうてきな　モンスターなので、見つけたら　たすけて　あげよう。

クリアした日
月　日

1 カギあなに　あうカタチを　見つけよう

森の洋館の中に、アレイが　つかまっている　ろうやが　ありました。ろうやには　カギが　かかっているようです。2つのパーツを　くみあわせて、カギあなに　あうカタチを　作って　ろうやの　とびらを　あけましょう。

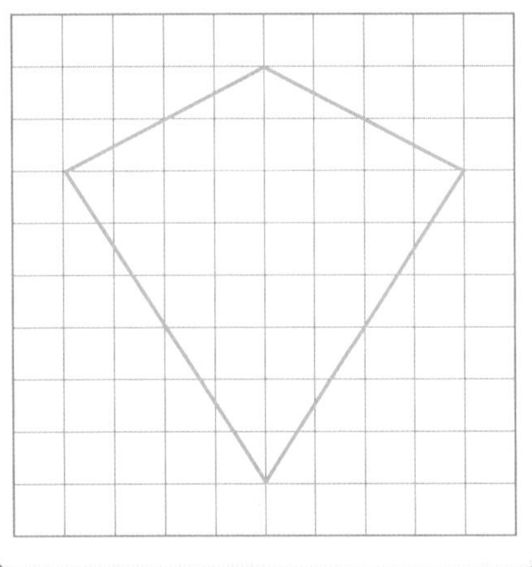

A

D

E

B

ヒント！
パーツは　かいてん
することも　できるよ！

答え.　□　と　□　のくみあわせ

2 アレイが　もってきた　アイテムを　数(かぞ)えよう

たすけた　3びきの　アレイたちが、おれいに　いろいろな　アイテムを　もってきて　くれました。3びきの　アレイが　もってきた　アイテムは　下(した)のとおりです。つぎの　もんだいに　答(こた)えましょう。

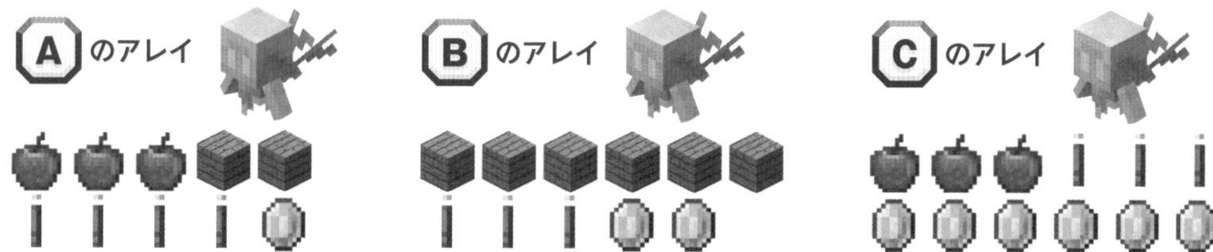

1 3びきの　アレイが　もってきてくれた　たいまつ（ ）は　ぜんぶで　何個(なんこ)　あるでしょうか？

答(こた)え.　□　個(こ)

2 AとCのアレイが　もってきてくれた　りんご（ ）と　たいまつ（ ）の　数(かず)を　あわせると　ぜんぶで　何個(なんこ)に　なるでしょうか？

答(こた)え.　□　個(こ)

3 AとBのアレイが　もってきてくれた　板材(いたざい)（ ）の数(かず)を　くらべたら、どちら　のほうが　何個多(なんこおお)いでしょうか？

答(こた)え.　□　のほうが　□　個多(こおお)い

4 Cのアレイが　もってきてくれた　エメラルド（ ）の数(かず)は、AとBのアレイが　もってきてくれた　エメラルドの数(かず)より、それぞれ　何個多(なんこおお)いでしょうか？

答(こた)え.　Cのエメラルドは　Aよりも　□　個多(こおお)い

Cのエメラルドは　Bよりも　□　個多(こおお)い

マイクラ攻略(こうりゃく)まめちしき　アレイを　ぶんれつして　ふやす

アレイは　おんがくが　大(だい)すきなので、アレイの　ちかくで　ジュークボックスを　つかって　おんがくを　ながすと　アレイが　おどりだす。おどっている　さい中(ちゅう)の　アレイに　アメジストの欠片(かけら)を　あげると、なんと　アレイが　ぶんれつして　2ひきに　なるのだ。

プログラミング

25 いせかい　ネザーに　出(しゅっ)ぱつ！

ウィザーと　たたかうなら、エンチャントや　ポーションなども　よういして　おきたいところ。それらに　ひつような　そざいの　入手(にゅうしゅ)は、じげんを　こえて　ネザーまで　行(い)かねば　ならんのじゃ！

クリアした日(ひ)

月(がつ)　日(にち)

1 ネザーゲートを　作(つく)ろう

ネザーの　入(い)り口(ぐち)を　ひらくには、ネザーゲートが　ひつようです。ネザーゲートは　たて3ブロック、よこ2ブロックのスペースを　黒曜石(こくようせき)で　かこんだ　カタチを　作(つく)らなければなりません。A～Dの　パーツを　くみあわせれば　ネザーゲートを　作(つく)れますが、よけいな　パーツが　1個(こ)　まざっています。ひつような　パーツだけ　えらんでみましょう。

ネザーゲート

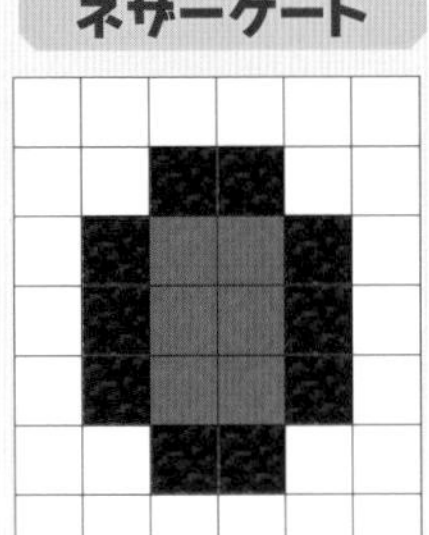

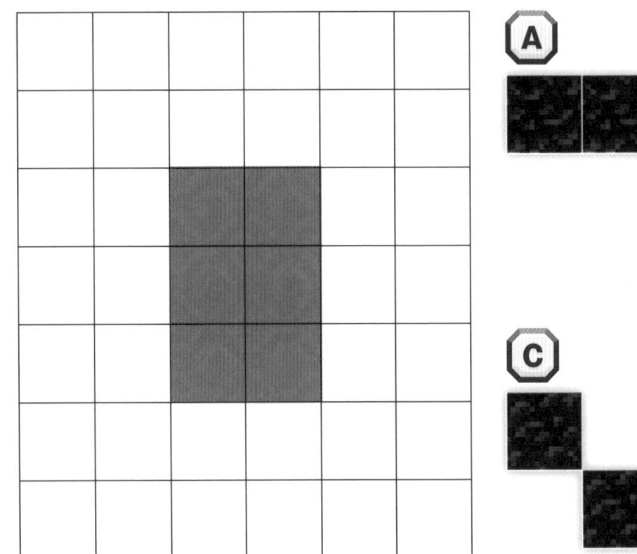

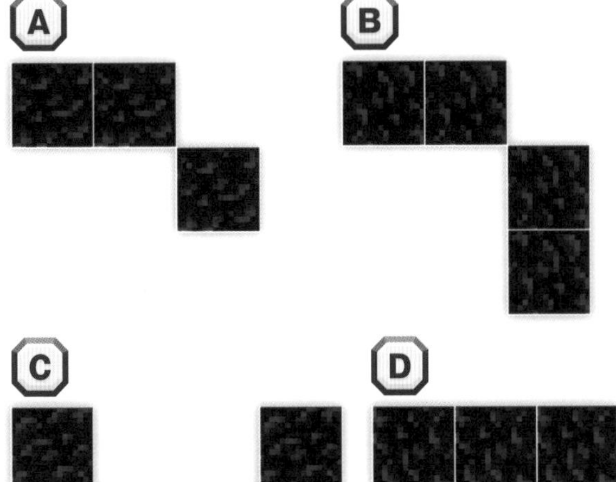

答(こた)え. ひつようなパーツは

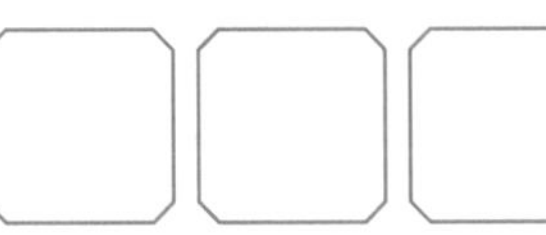

左上(ひだりうえ)の　マスに　パーツを　かきこみながら　かんがえてみよう。パーツは　かいてんすることも　できるよ！

2 ストライダーで　ようがんちたいを　こえる

ネザーに　つくと、目のまえに　ようがんの　海が　ひろがっています。ストライダーに　のれば　ようがんの上も　いどうできます。ストライダーを　うまく　のりついで、ゴールまで　いどうしましょう。

いどうの　ルール

スティーブは、じめんのマス（　）しか　あるけません。ただし、ストライダーにのれば　ようがんマス（　）でも　いどうできます。ストライダーは、上下左右のいちほうこうに　いどうできますが、と中で　まがることは　できません。じめんのマスなら　どこでも　ストライダーから　おりられますが、いちど　おりたストライダーに　もういちど　のることは　できません。

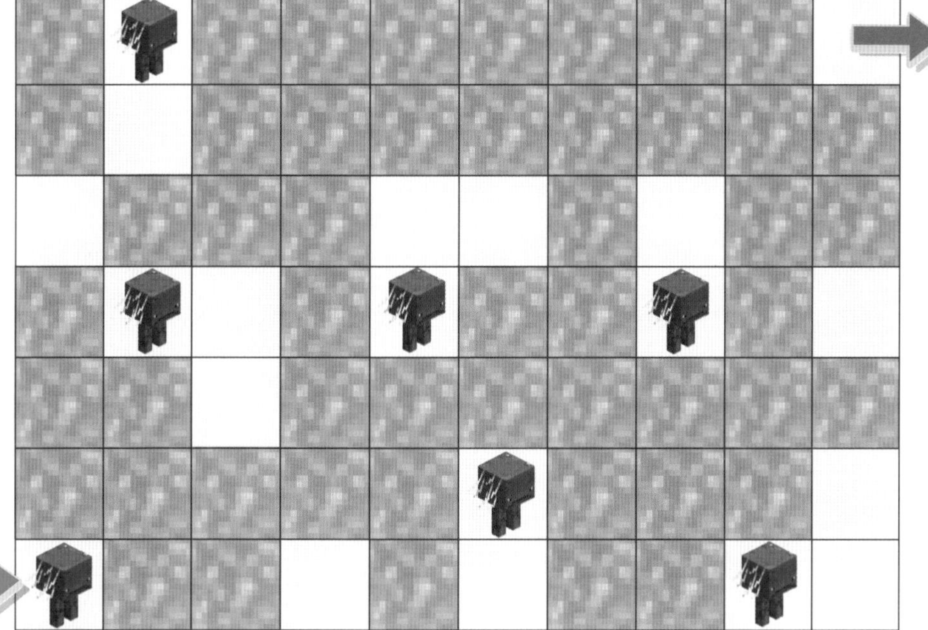

マイクラ攻略まめちしき　ゲーム内でも　ストライダーに　のりたい！

じっさいの　マイクラで　ストライダーに　のるためには、鞍を　ストライダーに　そうちゃくしよう。ただし、それだけでは　ストライダーを　そうじゅうできない。歪んだキノコ付き棒をもったじょうたいで　ストライダーに　のれば、じゆうに　ストライダーを　そうじゅうできる。

さんすう・プログラミング

26 ネザーの　モンスターを　たおせ！

ネザーには、ふだんと　ちがうモンスターが　たくさん出てくる。よく見かけるのが、ネザーの　げんじゅうみんである　ピグリンじゃ。しゅうだんで　おそってくる　きけんな　モンスターじゃよ！

クリアした日

月　日

1 げんじゅうみんの　ピグリンを　たおそう

ネザーゲートから　出たところを、げんじゅうみんの　ピグリンに　見つかってしまいました！　ピグリンを　たおすためには　正しい　たしざんの　しきを　作らないといけません。数字ときごうを　せんでつなげて　正しいたしざんの　しきを　作りましょう

こたえかたの　れい

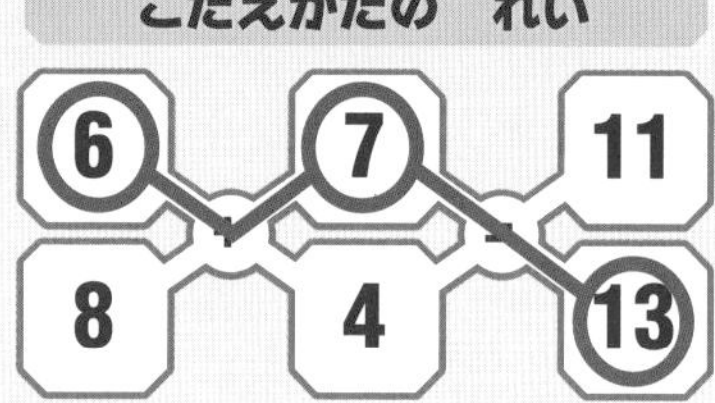

A

B

2 金の　ぼうぐを　あつめよう

ピグリンは　金の　ぼうぐを　そうびしていると、ゆうこうてきに　なり、こうげきを　してこなくなります。真紅の森の　めいろに　金の　ぼうぐが　おちているので、すべてあつめましょう。ただし、おなじ道を　2回とおっては　いけません。

マイクラ攻略まめちしき　ピグリンが　しょうりの　ダンスを　おどる!?

ピグリンたちは　おなかが　すくと、しゅうだんで　大きな　どうぶつがたモンスターの　ホグリンを　かりはじめる。そして、かりに　せいこうすると　ごくまれに　しょうりの　ダンスを　おどることがある。ピグリンが　しょうりの　ダンスを　するかくりつは　かなりひくいので、もしピグリンたちの　ダンスを　見ることが　できたら　とてもラッキーだ！

27

さんすう・プログラミング

ブレイズを　たおしに　行こう

ポーションを　作るには　醸造台という　そうちが　ひつようじゃ。醸造台を　よういするには、ブレイズロッドを　手に入れなければ　ならん。ブレイズが　いる　ネザー要塞は　きけんが　いっぱいじゃ！

クリアした日

月　　日

1 けいさんしきの　めいろを　ぬけよう

ネザー要塞を　モンスターたちと　あわないように　たんさくします。スタートから　けいさんしきの　ルートを、とおれば　モンスターに　あわずに　いどうできそうです。けいさんしきの　ルートの　空白マスを　うめましょう。

ヒント！

空白マスの　左上の数字が　おなじ　マスには、ぜんぶ　おなじ数字が　入るよ！

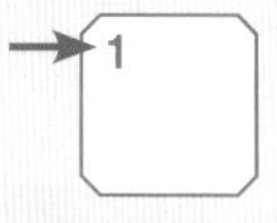

スタート	3	+	6	=	□1	→	□1	+	4	=
										□2
=	□1	-	19	←	19	=	11	+		↓
10								8		□2
↓			4	=	19			↑		-
10		□3	-		↓			8	=	5
+		↑			19					ゴール
□2	=	□3			-	□1	+	□2	=	□3

2 あらわれた　ブレイズを　たおせ！

ネザー要塞の　おくで　ブレイズが　出てくる　スポナーを　はっ見しました。スポナーから　ブレイズが　ぞくぞくと　出てくるので、すべてたおしましょう。スポナーは　けいさんしきの　空白マスを　うめると　たおせます。下のカコミから　空白マスに　入る　数字を　えらんで　かきこみましょう。

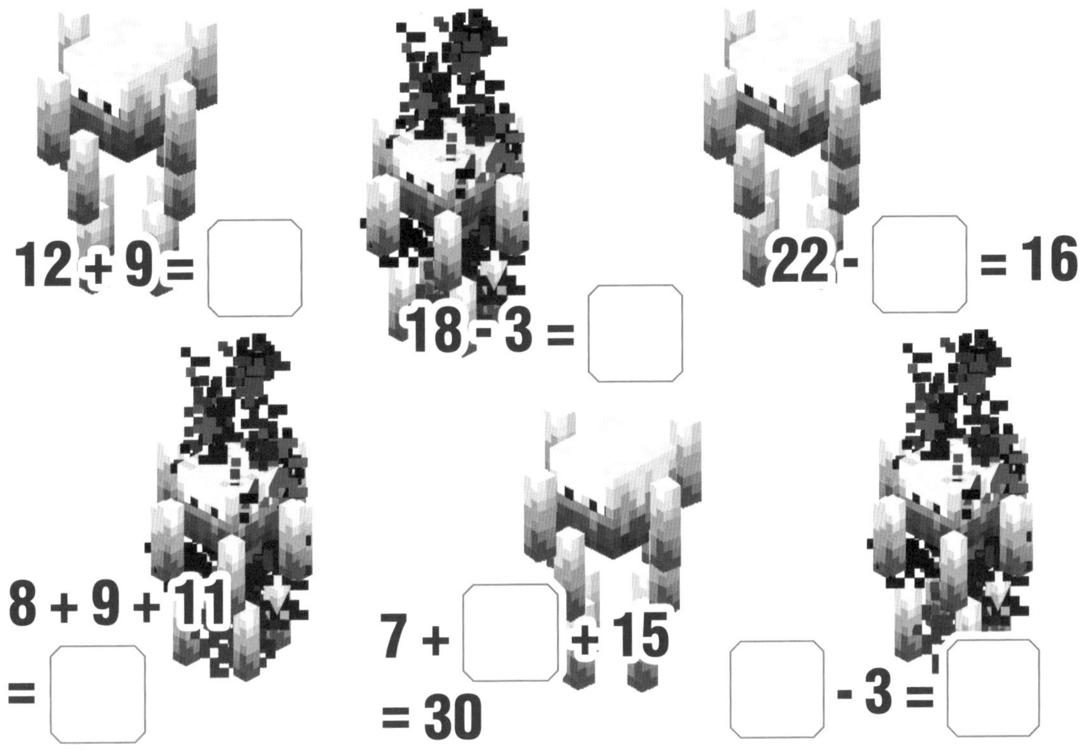

15	25	8	28
6	21	22	

ヒント！

さいごの　もんだいは、
そのまえの　5つの
もんだいを　とければ
こたえが　わかるはず！

マイクラ攻略まめちしき　ブレイズには　雪玉が　こうかアリ！

雪玉は　せんとうようの　アイテムなのに、なげても　ダメージを　あたえられない。だが、ブレイズにだけは　ダメージを　あたえることが　できる。しかも、いっぱつの　ダメージは3（♡❤）と、かなり　こうかが　ある。ブレイズは　ちかづかれると　やっかいな　モンスターなので、盾と雪玉を　つかって　たたかうのが　オススメだ。

さんすう・プログラミング

28 ポーションを 作ろう！

ポーションは こうげきアップや HPの 回ふく など、せんとうを ゆうりに できる べんりな アイテムじゃ！ いちじてきだが こうかは ばつぐんなので、いろいろ よういして おこう！

クリアした日

月 日

1 ポーションの こうかじかんを けいさんする

ウィザーとの たたかいに そなえて 力のポーションと 再生のポーションを 作りました。ポーション名の うしろにある（）は、ポーションの こうかじかんです。ポーションは いっしょに のんでも りょうほうの こうかが ありますが、おなじ 名まえの ポーションを いっしょに のむと、こうかじかんだけ ごうけいされます。つぎの もんだいに 答えましょう。

力のポーション（3分）
3個

再生のポーション（45びょう）
3個

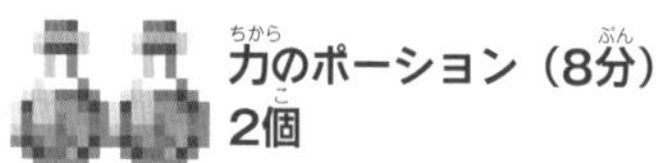

力のポーション（8分）
2個

再生のポーション（2分）
4個

1 力のポーション（3分）を ぜんぶ のんだら、こうかじかんは 何分に なるでしょうか？

答え. ☐ 分

2 再生のポーション（45びょう）を ぜんぶ のんだら、こうかじかんは 何分何びょうに なるでしょうか？

答え. ☐ 分 ☐ びょう

3 力のポーション（8分）と 再生のポーション（2分）を ぜんぶ のみました。かたほうの ポーションの こうかが きれたとき、こうかが のこっているのは どっちのポーションで、あと何分 こうかが のこっているでしょうか？

答え. ☐ のポーションが、あと ☐ 分のこっている

2 スプラッシュポーションで　まとめて　こうげき！

スプラッシュポーションは、じめんに　なげると　ひろい　はんいに　こうかを　あたえることが　できます。下のマップに　1個だけ　スプラッシュポーションを　なげて、できるだけ　多くの　モンスターに　こうかを　あたえたいです。どこに　なげるのが　いちばん　たくさん　モンスターを　まきこめるでしょうか？

スプラッシュポーションで　モンスターを　まとめて　たおそう！

スプラッシュポーションのはんい

ポーションを　なげたマス　から　2マスまで

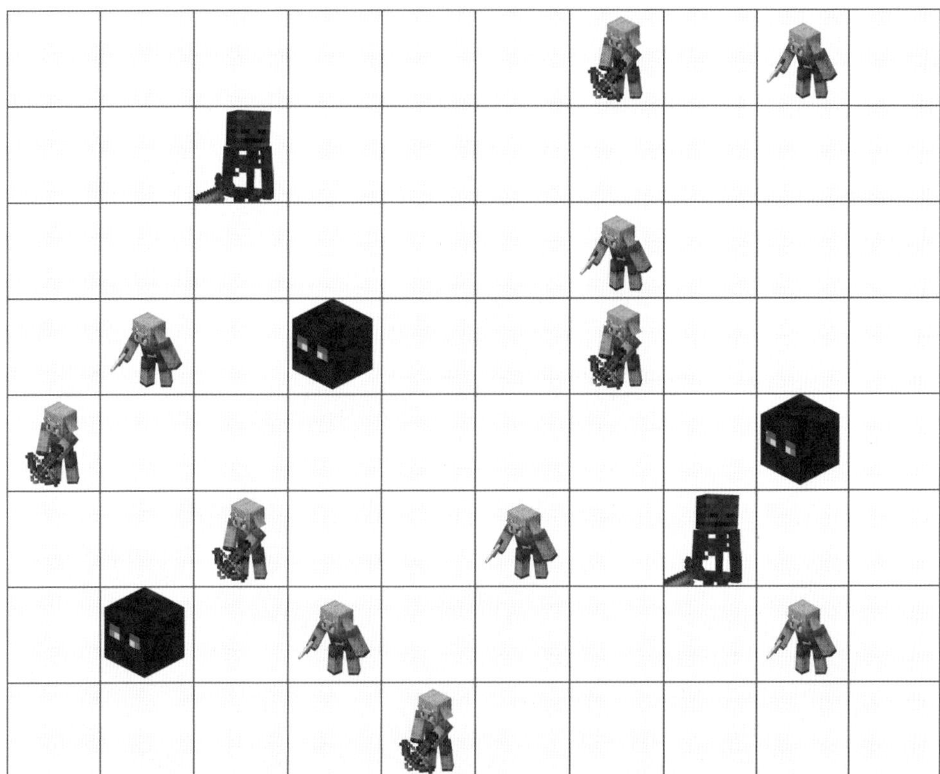

マイクラ攻略まめちしき

スプラッシュポーションの　こうかじかん

スプラッシュポーションは、じつは　なげるばしょに　よって　こうかじかんが　かわる。いちばん　こうかを　ながくする　ほうほうは、ま上に　なげて、じぶんの　あたまに　あてること。ぎゃくに、じぶんの　足もとに　あてると、じかんが　はん分　くらいに　なってしまう。それいがいの　ばしょに　あてると、あたまの　ときより　すこしだけ　みじかい　じかんになる。

さんすう・プログラミング

29 さいきょう　ネザライトそうびを　作ろう！

きょうてきとの　たたかいに　そなえ、ネザライトそうびを　そろえて　おきたい　ところじゃな！ネザライトそうびの　そざいは　ピグリン要塞で手に入るので、さっそく　あつめに　行こう！

クリアした日
月　日

1 ピグリン要塞で　おたからを　ゲット！

ネザライトそうびの　そざいを、ピグリン要塞で　あつめます。モンスターがいる道を　とおらないように、金インゴット、ネザライトの欠片、鍛冶テンプレートの　3つのアイテムを　あつめ、ゴールに　むかいましょう。なお、金インゴットを　ひろっていれば　一回だけ　ピグリンを　とおりぬけられます。

金インゴット　ネザライトの欠片　鍛冶テンプレート　ピグリン

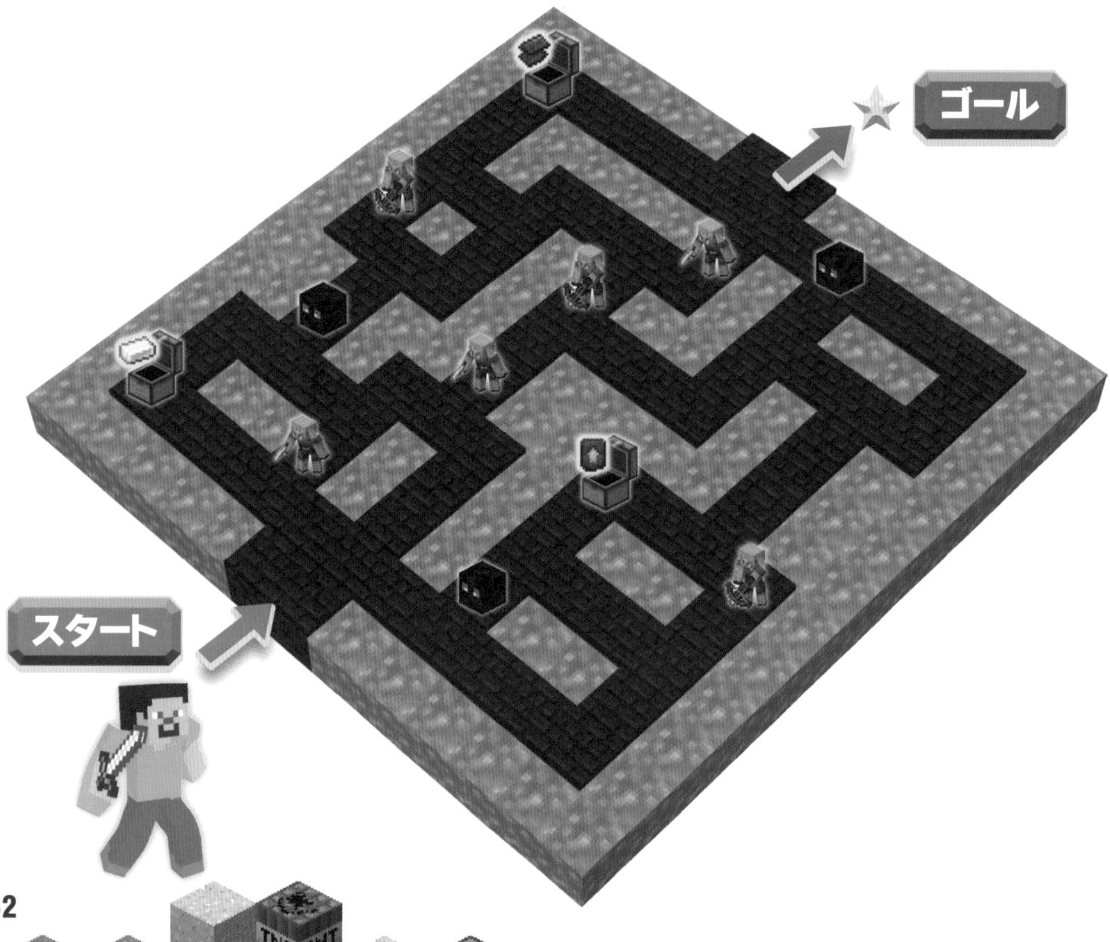

ゴール

スタート

2 ネザライトそうびを　クラフトする

ピグリン要塞で　3つのチェストを　見つけて、中に　入っていた　アイテムを　すべて　ひろってきました。あつめた　そざいで　ネザライトそうびを　作ります。つぎの　もんだいに　こたえましょう。

1 チェストに　入っていた　アイテムの　数を　けいさんしましょう。金インゴット、ネザライトの欠片、鍛冶テンプレートは　それぞれ　何個ありますか？

答え. 金インゴット　　　個　　ネザライトの欠片　　　個

鍛冶テンプレート　　　個

2 スティーブは　ダイヤモンドそうびを　5個もっています。このうち　何個を　ネザライト　そうびに　できるでしょうか？

ネザライトそうびのレシピ

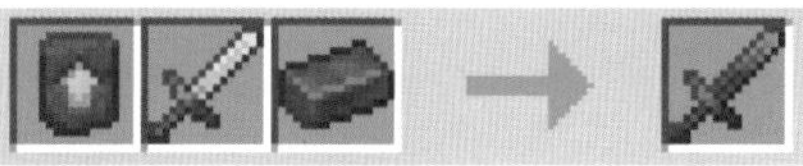

鍛冶テンプレート:1個

ダイヤモンドのそうび:1個

ネザライトインゴット:1個

ネザライトインゴットのレシピ

ネザライトの欠片:4個

金のインゴット:4個

答え. ネザライトそうびは　　　個　作れる

ヒント!

1ばんの　もんだいで　数えた　そざいで　ネザライトインゴットが　何個　作れるのかが　こたえの　カギに　なりそう！

さんすう・プログラミング

30 エンチャントを　してみよう

ぶきと　ぼうぐを　さらに　つよく　するために、そうびに　エンチャントを　しよう。こうげき力(りょく)や　ぼうぎょ力(りょく)を　さらにアップ　できるので、ボスとの　たたかいが　ラクに　なるはずじゃ！

クリアした日(ひ)

月(がつ)　日(にち)

1 エンチャントテーブルの　ばしょを　かんがえる

エンチャントテーブル（　）は、1マスはなれた　ばしょに本棚(ほんだな)（　）が　あると、アイテムに　つよい　エンチャントが　つきやすく　なります（本棚(ほんだな)の　数(かず)が　多(おお)いほど、こうかアップ）。下(した)の　へやの中(なか)で、つよい　エンチャントがいちばん　つきやすい　ばしょに　エンチャントテーブルをおいてみましょう。ただし、エンチャントテーブルは　ゆかのマス（　）にしか　おくことが　できません

こうかが　アップする本棚(ほんだな)の　ばしょ

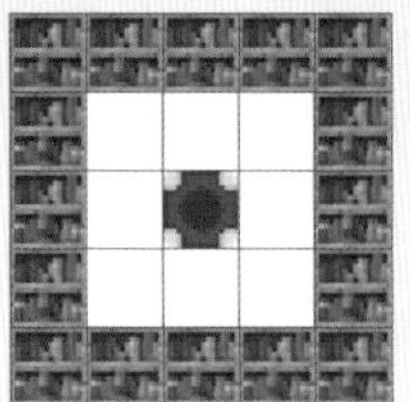

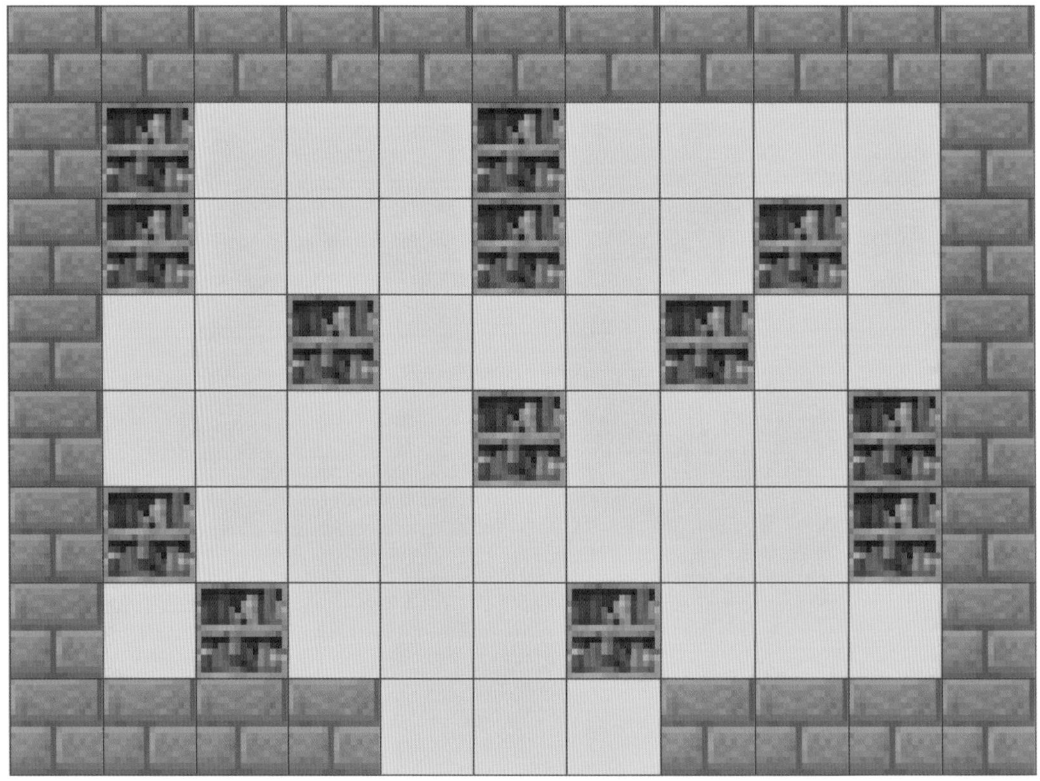

2 まほうじんを　といて　エンチャントしよう!

エンチャントテーブルを　きどうすると、テーブルの上に　おいてある　本が　かっ手に　ひらき、空中に　まほうじんが　出げんしました！　そうびに　エンチャントを　するには　このまほうじんを　とかないと　いけないようです。まほうじんの　マスには　1～9の　数字が　1つずつ　入り、たて・よこ・斜めの　ごうけいが　ぜんぶ　15に　なります。空白マスを　うめましょう。

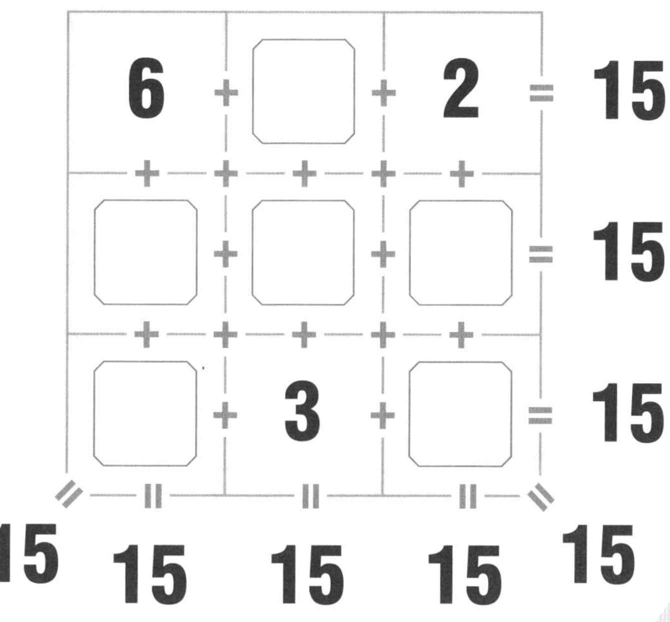

いちばん上の　まん中の　マス　から　かんがえて　みよう！

マイクラ攻略まめちしき　ほしい　エンチャントを　ねらって　つける

エンチャントテーブルの　エンチャントこうほは、いちど　ひょうじされると　エンチャントが　おわるまで　けすことが　できない。もし　いらない　エンチャントしか　こうほに　なかったら、いらない　アイテムに　そのエンチャントを　つけてしまおう。そうすれば、エンチャントテーブルが　リセットされて、また　あたらしい　エンチャントこうほが　ひょうじされるぞ。

31

さんすう

きょうてき　ガストとの　しとう!

ネザーの　空を　さまよう　ガストは、口から　ばくはつする　火のたまを　はきだして　こうげきしてくる　きょうあくな　モンスターじゃ！　つねに空中に　いるので、たおすのは　むずかしいぞ！

クリアした日

月　　日

1 ガストに　矢を　あてよう

ガストは　空中にいるので、矢を　うって　こうげきしましょう。ガストの　まわりにある　A～Dの　てんは、下の　けいさんで　答えが　おなじものどうしを　せんで　つなげることができます。つないだせんの　上を　矢が　とおるので、ガストに　こうげきが　あたるように　てんとてんを　せんで　つなぎましょう。

A •　　　　• D

B •　　　　• E

C •　　　　• F

Ⓐ 11+24+14 = □　　Ⓓ 100-35-20 = □

Ⓑ 20+12+13 = □　　Ⓔ 100-11-14 = □

Ⓒ 14+26+35 = □　　Ⓕ 100-19-32 = □

2 火のたまを　うちかえして　はんげき！

ガストは　あたると　ばくはつする　火のたまを　口から　はきだして　こうげきしてきます。ですが、この火のたまに　ついている　けいさんに　答えれば、火のたまを　うちかえすことが　できます。すべての　火のたまを　うちかえしてガストに　大ダメージを　あたえましょう！

マイクラ攻略まめちしき　ガストの　火のたまを　はねかえそう！

じっさいの　マイクラでも、ガストの　火のたまは　うちかえすことが　できる。火のたまがプレイヤーの　ちかくに　きたら、こうげきを　あてれば　うちかえしが　かのうだ。ちょっとむずかしいが、矢や　釣り竿のルアーなどでも　うちかえすことが　できる。うちかえした　火のたまは　ガストに　大ダメージを　あたえるので、ねらってみよう。

32

ウィザースケルトンを　たおそう

ラスボスの　ウィザーを　よびだす　ためには、ウィザースケルトンの頭蓋骨（ずがいこつ）という　レアアイテムが　ひつようじゃ。これを　手（て）に入（い）れる　ためには　ウィザースケルトンを　たおすしか　ないぞよ！

クリアした日（ひ）
月（がつ）　日（にち）

1 ウィザースケルトンまで　たどりつけ！

ウィザースケルトンは　衰弱（すいじゃく）の　のろいを　もっており、3マス　あるいたら　うごけなくなります。ミルクを　のめば　のろいの　こうかを　けせるので、また　3マス　いどうできます　ミルクを　とりながら、ウィザースケルトンが　いる　ゴールまで　行（い）きましょう。

ミルク

ゴール

スタート

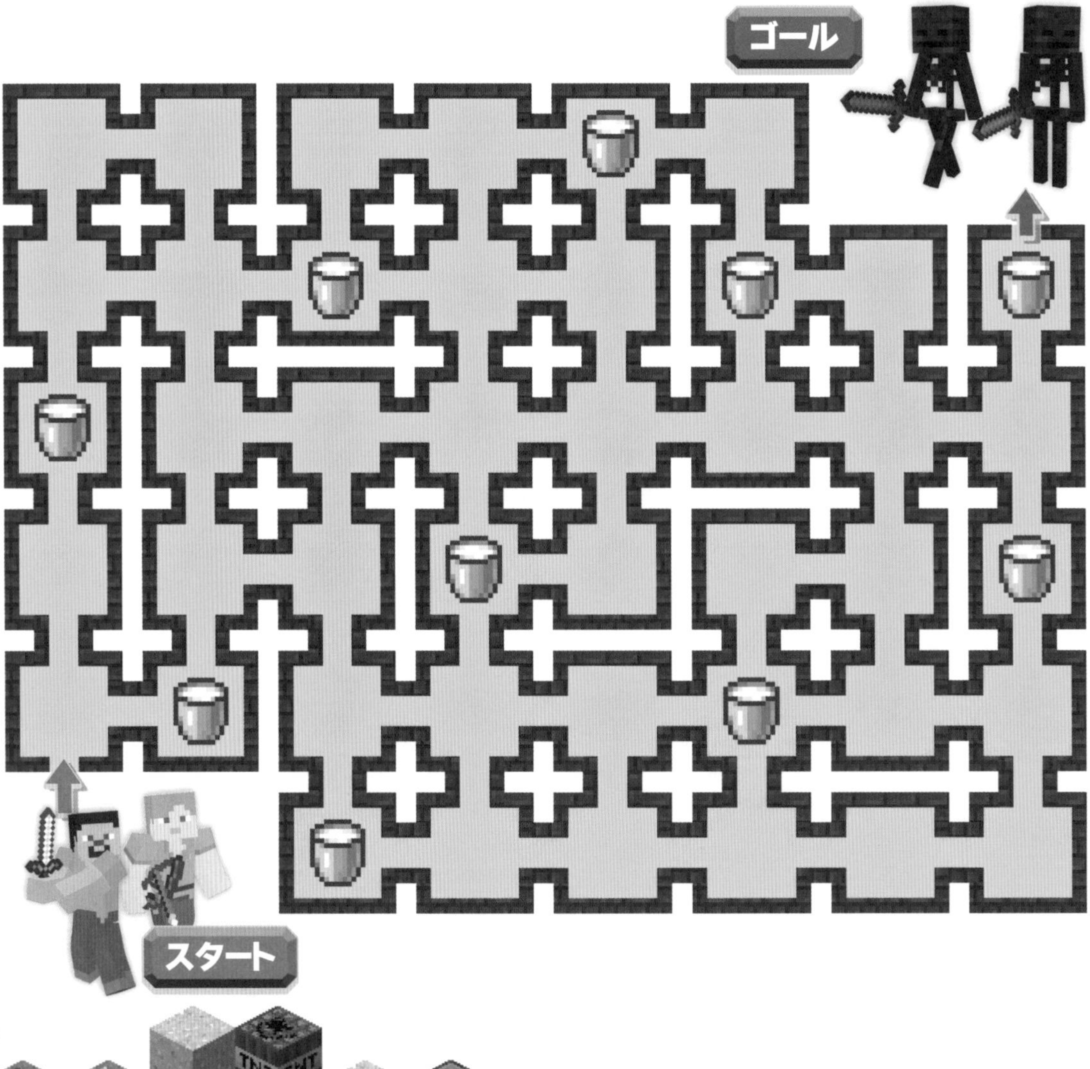

2 ウィザースケルトンを　たおせ！

ウィザースケルトンは　きょうてきなので、パターンを　よそくしながら　たたかいましょう。ウィザースケルトンの　まわりにある　数字は、きそくてきな　ならびに　なっているようです。空白の　マスに　どんな数字が　入るか　パターンを　よそうして　かきこんで　みましょう。

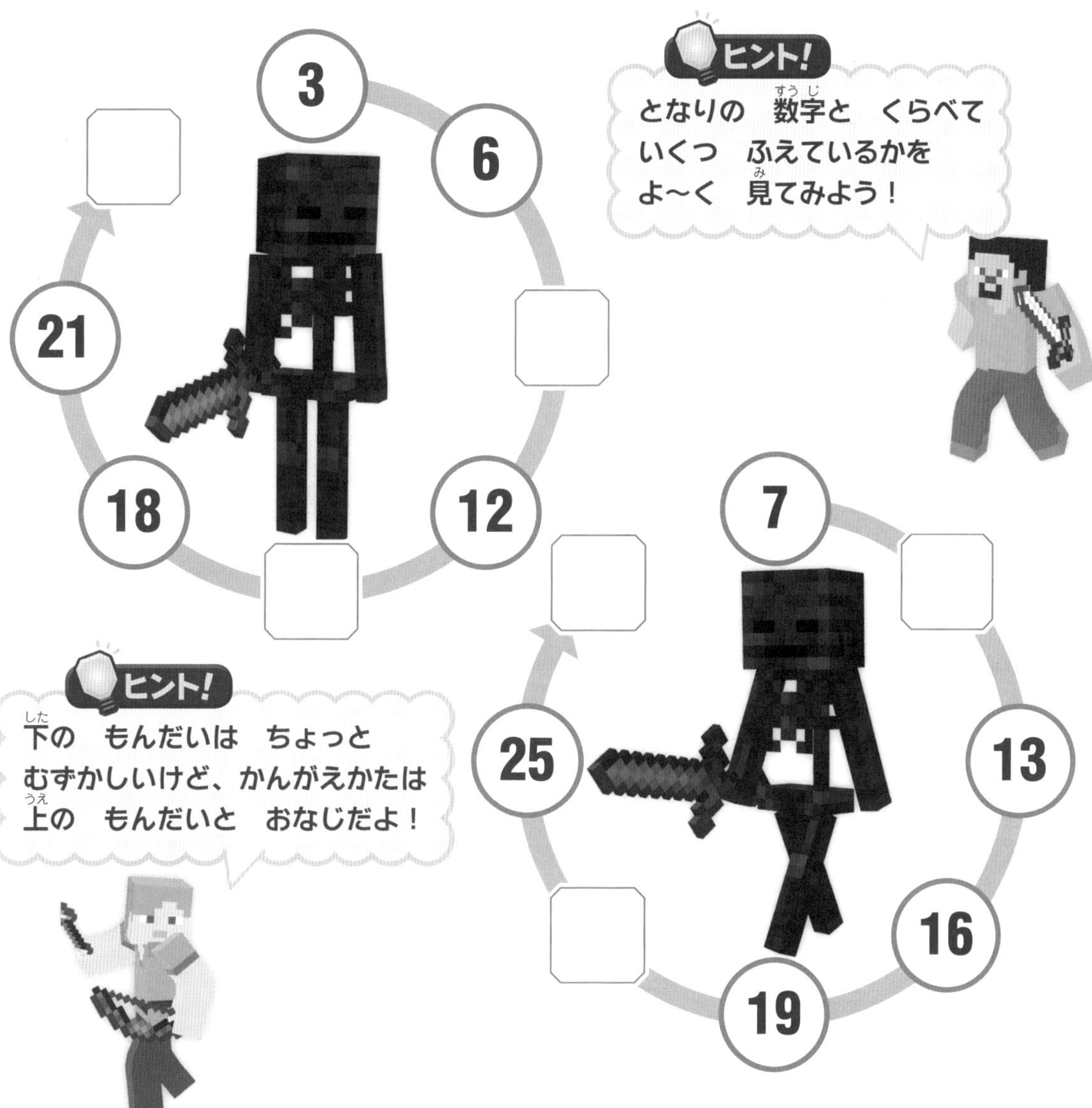

マイクラ攻略まめちしき　ウィザースケルトンの頭蓋骨は　どれくらい　ドロップする？

ウィザースケルトンを　たおすと　まれに　ドロップする　ウィザースケルトンの頭蓋骨だが、ドロップする　かくりつは　2.5%と　ひじょうに　ひくい。40～50体くらい　たおして、ようやく　手に入るかどうか、という　とってもレアな　アイテムなのだ。

ボスモンスター　ウィザーを　たおそう!

ウィザースケルトンの頭蓋骨も　手に入れたので、
いよいよ　ウィザーを　しょうかんしよう！
ソウルサンドと　ウィザースケルトンの頭蓋骨を
きまったカタチに　はいち　するのじゃ！

クリアした日

月　日

1 ウィザーを　しょうかんする

ウィザーは、T字がたに　せっちした　ソウルサンドの　上に、ウィザースケルトンの頭蓋骨を　3つ　のせると　しょうかんできます。ウィザーを　正しく　しょうかんできるように、見本しゃしんを　さんこうにして、パーツを　ならべてみましょう。なお、いらない　パーツが　2つ　まざっているようです。

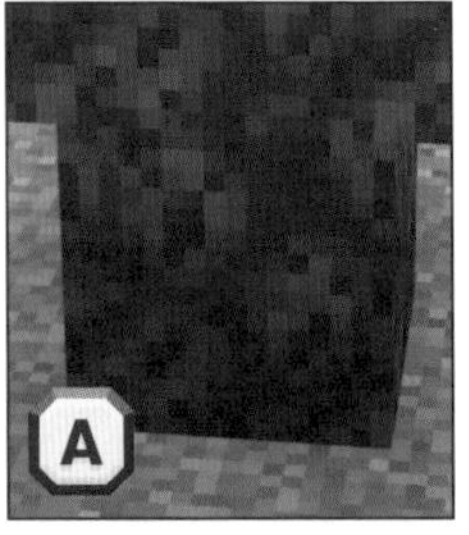

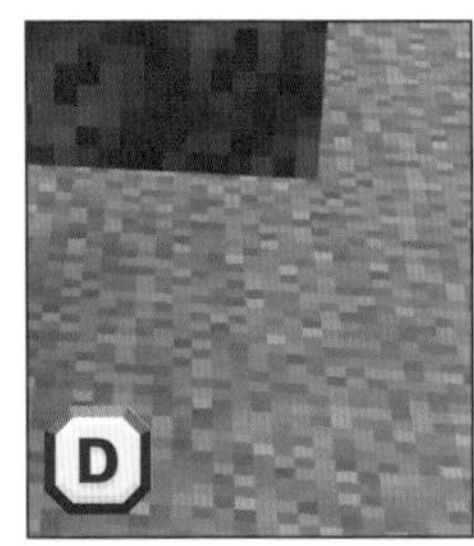

答え.

1	2	3
4	5	6

に　ならべる

2 しょうかんした　ウィザーを　たおせ!

パーツを　正しく　くみ上げると、ばくはつと　ともに　ウィザーが　あらわれました！　ウィザーは　ばくはつする　とびどうぐを　うってきます。ちかづいてネザライトの剣で　こうげきしましょう。こうげきした　ところに　たてと　よこの　しきが　あらわれました。たてと　よこの　しきが　どちらも　正しくなるように　空白マスに　数字を　入れて、ウィザーを　たおしましょう！

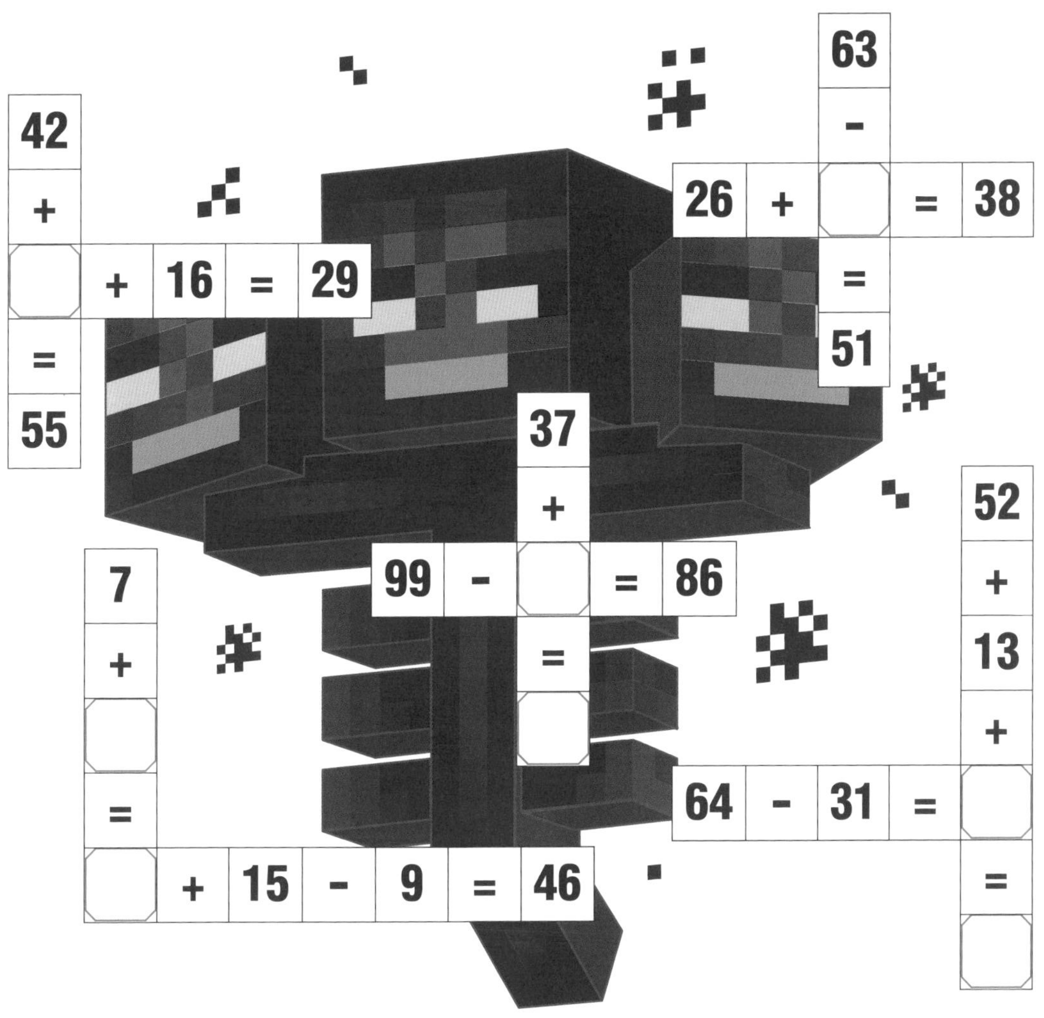

マイクラ攻略まめちしき　ウィザーを　たおしやすい　ばしょで　しょうかん

ウィザーを　しょうかんすると、まわりの　ブロックを　こわしながら　上空まで　とんでいってこちらの　こうげきが　とどかなく　なってしまう。そのため、ウィザーは　ネザーの　上にある岩盤の　ちかくで　しょうかん　したい。ウィザーは　岩盤を　こわせないので、上空に　にげられるのを　ふせげるのだ。

答えのコーナー

01 いろいろな そざいを あつめよう

06-07ページ

1

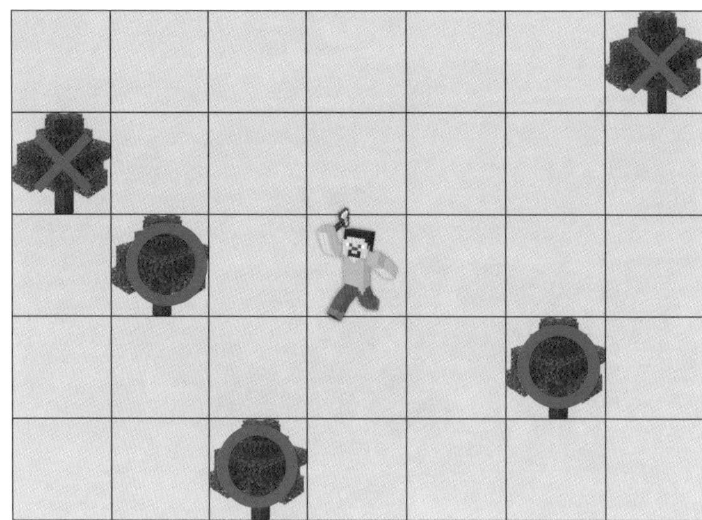

答え. きることが できる木は 3 本ある

2

1 答え. L

2 答え. F I J

02 きょてんを　作(つく)ろう

08-09ページ

1

1 答(こた)え. H のマス

2 答(こた)え. J のマス

3 答(こた)え. A のマス

4 答(こた)え. I のマス

5 答(こた)え. D のマス

03 ぼうけんアイテムを　よういしよう

10-11ページ

1

答(こた)え. パンは 4 個作(こつく)れる

答(こた)え. たいまつは 7 個作(こつく)れる

2

Ⓐ 2 + 6 + 2 + 2 = 12

Ⓑ 1 + 5 + 5 + 1 = 12

Ⓒ 2 + 6 + 3 + 1 = 12

04 村(むら)を　さがそう!

12-13ページ

1

2

5+7= 12　　12-6= 6

8+5= 13　　14-7= 7

9+4= 13　　17-8= 9

3+8= 11　　15-9= 6

6+9= 15　　13-5= 8

05 村で　アイテムを　あつめよう!

14-15ページ

1

① ① 答え. 6 個

② 答え. 16 個

② 答え. A のくみあわせ

2

① 答え. 9 マスあく　② 答え. ニンジン

06 聖職者を　たすけよう!

16-17ページ

1

① 答え. リンゴは 2 個、金インゴットは 2 個あまる

② 答え. 金インゴットは 6 個ひつよう

2

① 答え. ラピスラズリは 2 個手に入る　腐った肉は 4 個あまる

② 答え. 腐った肉は 36 個ひつよう

07 前哨基地を　さがそう!

18-19ページ

1

スタート

ゴール

2

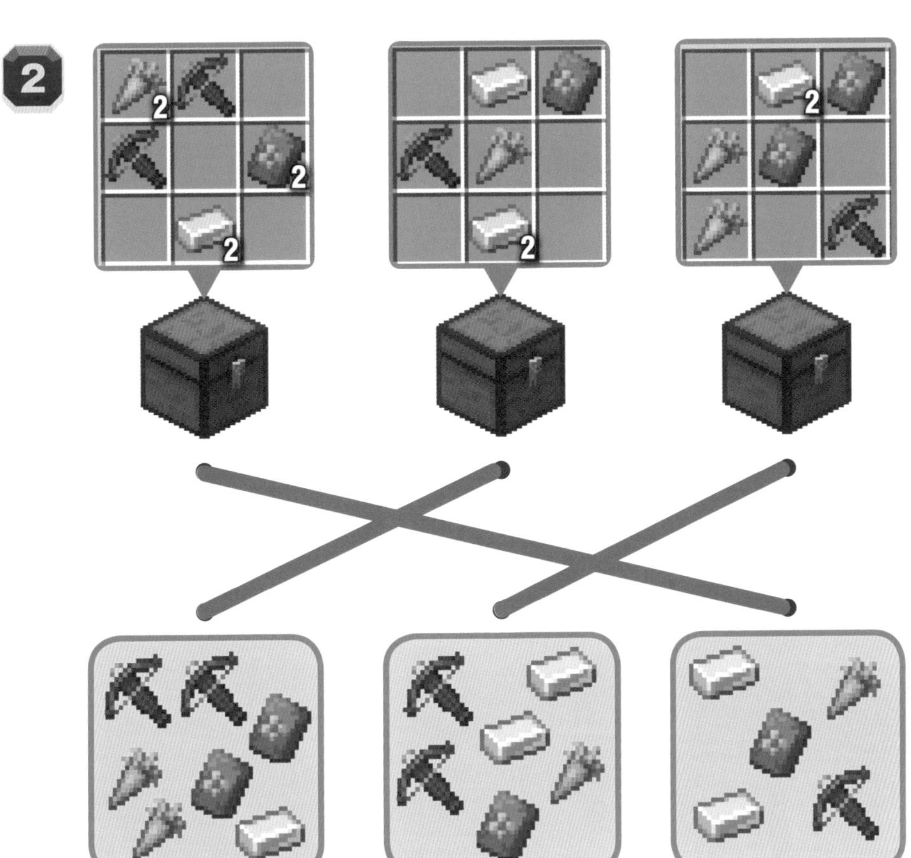

08 略奪者（りゃくだつしゃ）との　たたかい

20-21ページ

1

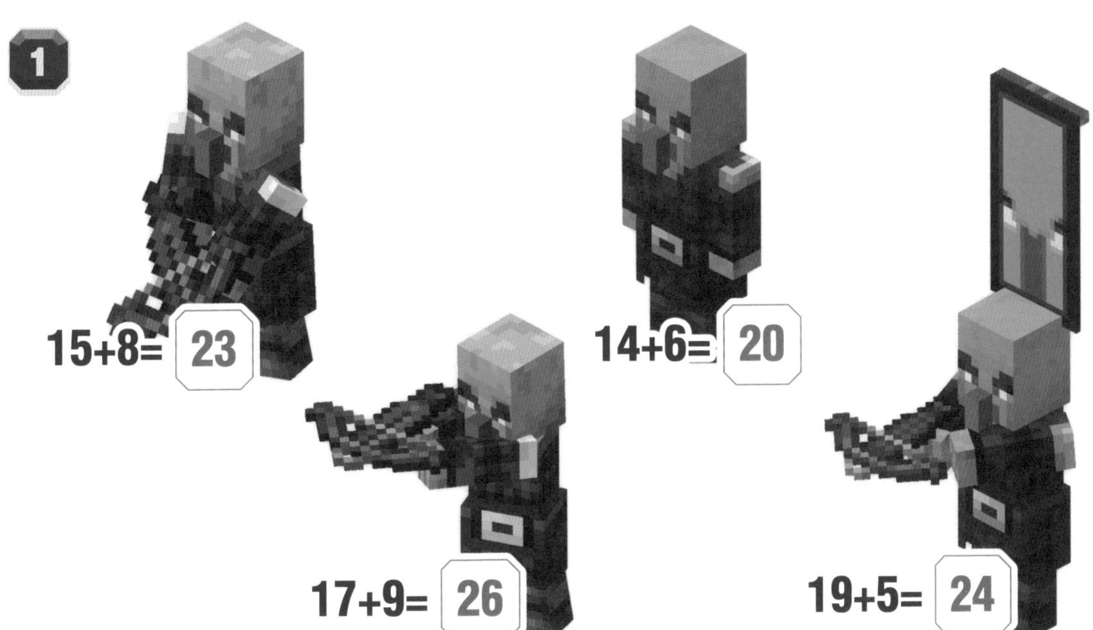

2 **1**

20-5= 15

24-6= 18

22-8= 14

2

4+6+5= 15

7+3+5= 15

2+8+4= 14

09 製図家(せいずか)から 探検家(たんけんか)の地図(ちず)を 入手(にゅうしゅ)

22-23ページ

1

5+ 25 =30	35+15= 50
15+15= 30	25+ 25 =50
10 +20=30	30 +20=50
25+ 15 =40	45+ 5 =50
10+ 35 =45	50+ 50 =100

2

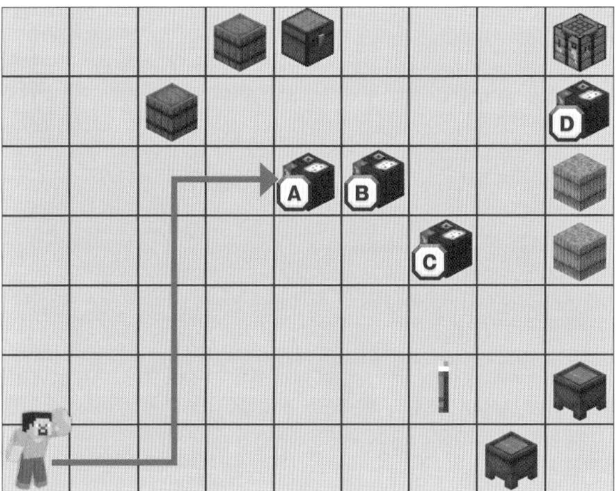

答え. 正しい製図台は A

10 洞窟を さがしに 行こう

24-25ページ

1

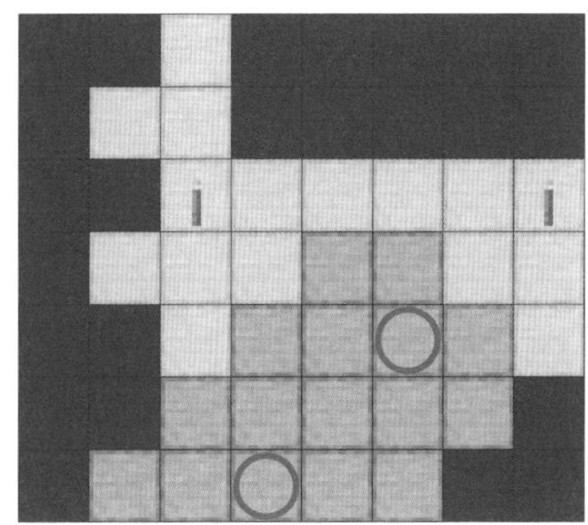

または

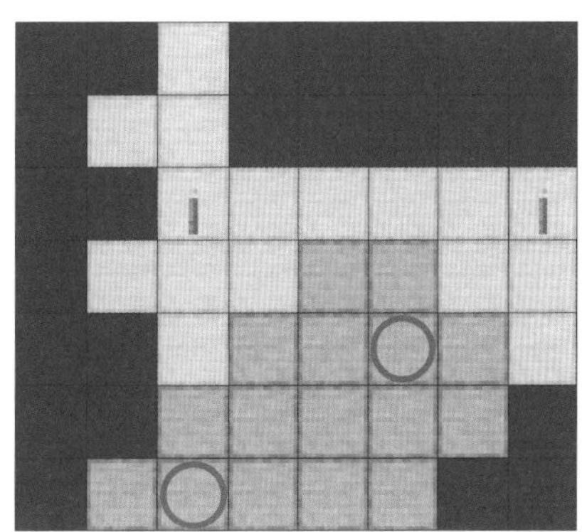

答え. たいまつは 2 本ひつよう

2

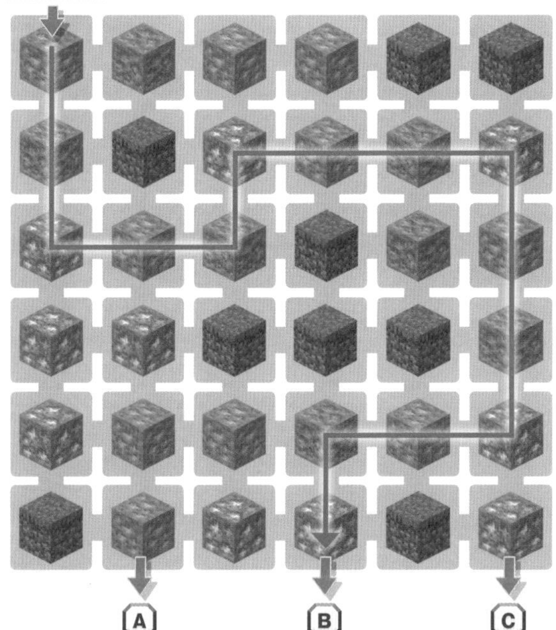

答え. B がゴール

11 洞窟のモンスターとの たたかい

26-27ページ

12 ダイヤモンドを 見(み)つけよう

28-29ページ

1

2

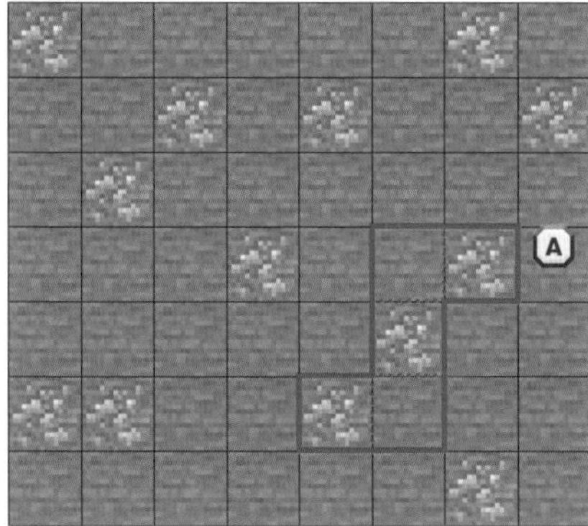

13 繁茂（はんも）した洞窟（どうくつ）を　はっけん！

30-31ページ

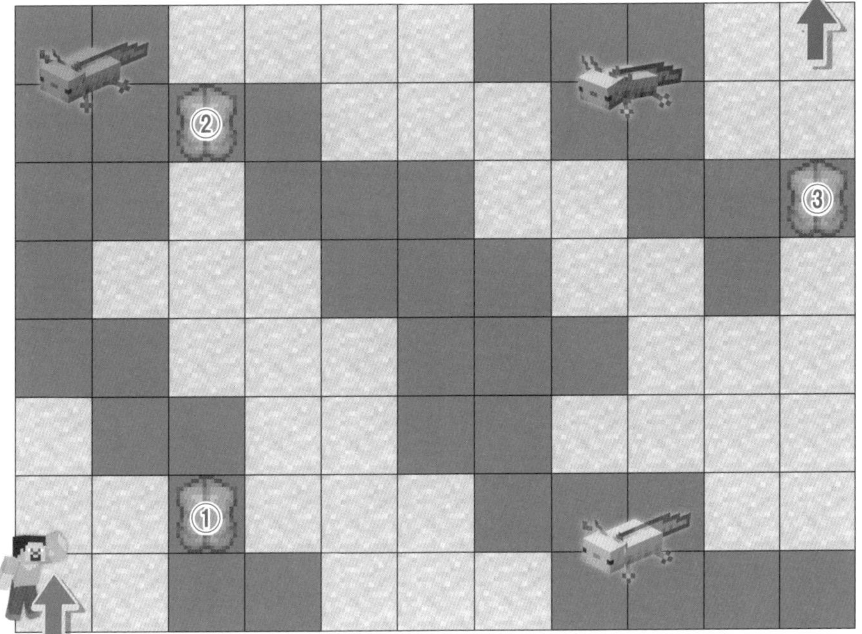

答（こた）え. ドリップリーフは 3 まい　ひつよう

2

① 答（こた）え. 18 ひき

② 答（こた）え. ピンクいろ のウーパールーパー

③ 答（こた）え. きんいろ のウーパールーパー

14 沼地（ぬまち）を　こえて　すすめ！

32-33ページ

1

① 答（こた）え. 小（しょう）スライムは 10 体（たい）

② 答（こた）え. 小（しょう）スライムは 14 体（たい）に　ぶんれつした

2 答（こた）え. B のブロック

15 カメのたまごを　まもろう!

34-35ページ

1

25+13= 38

39-6= 33

27+10= 37

35+8= 43

40-8= 32

答え. いちばん　小さい答えは 32

答え. いちばん　大きい答えは 43

2

① 答え. ごうけいで 120 分　かかっている

② 答え. 54 分で　たまごから　カメに　せいちょうする

16 難破船を　はっけん!

36-37ページ

1 答え.

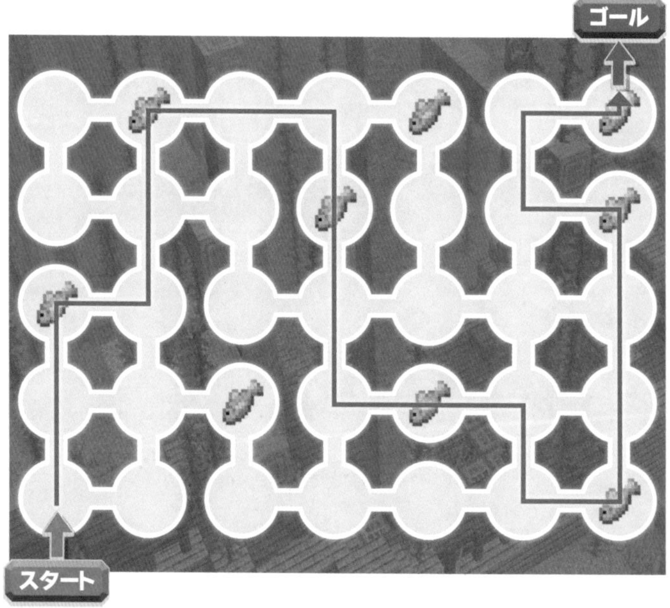

2 答え. 宝の地図が　入っているチェストは C

17 海中での　たたかい

38-39ページ

1

① 答え. 6 体　② 答え. 3 体 少ない

③ 答え. (どうぶつ・(溺死ゾンビ)) が 3 体 多い

2

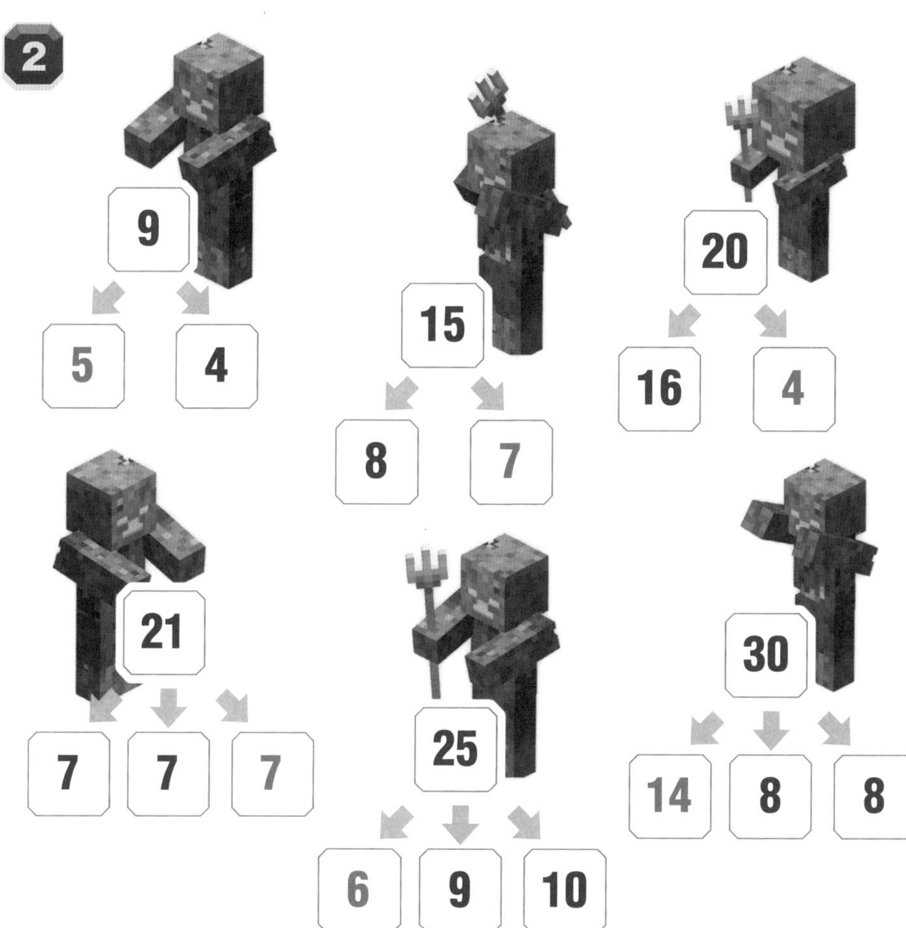

18 さばくの　ピラミッドを　さがせ!

答え.

19 ピラミッドの　たからばこを　ゲット！

42-43ページ

1 答(こた)え.

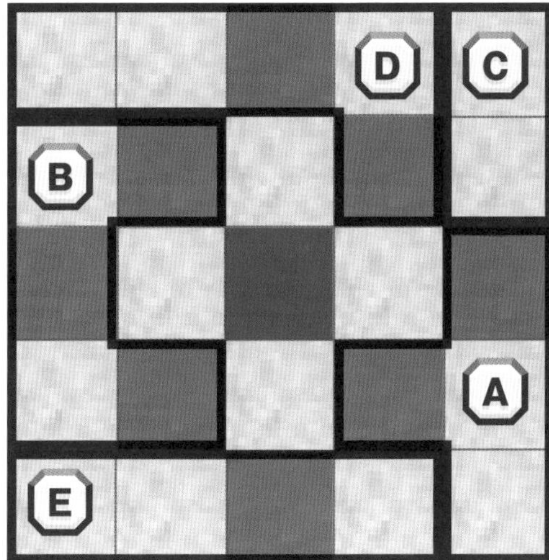

2 答(こた)え.

20 ラクダを　ぼうけんの　なかまにしよう

44-45ページ

1 Ⓐ

答え. **A** のラクダ

2

ゴール

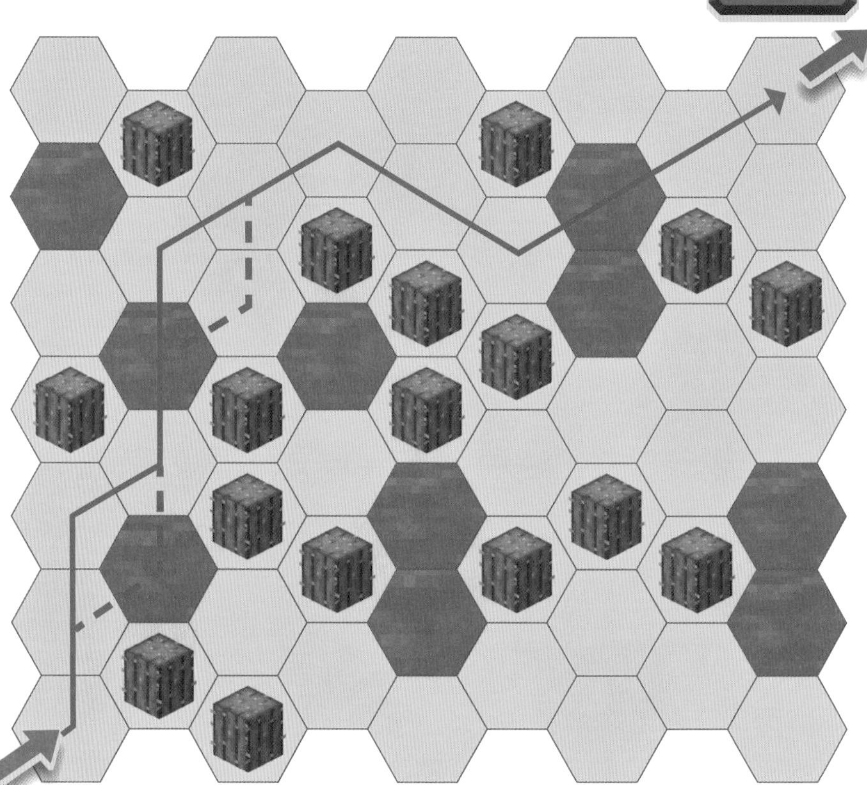

スタート

※点線のルートでも正解

21 森にかくされた　洋館かんを　さがそう

46-47ページ

1

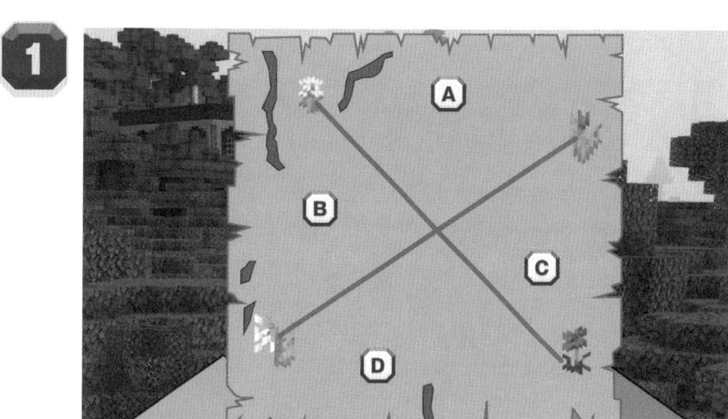

答え. 森の洋館の　ばしょは　B

2

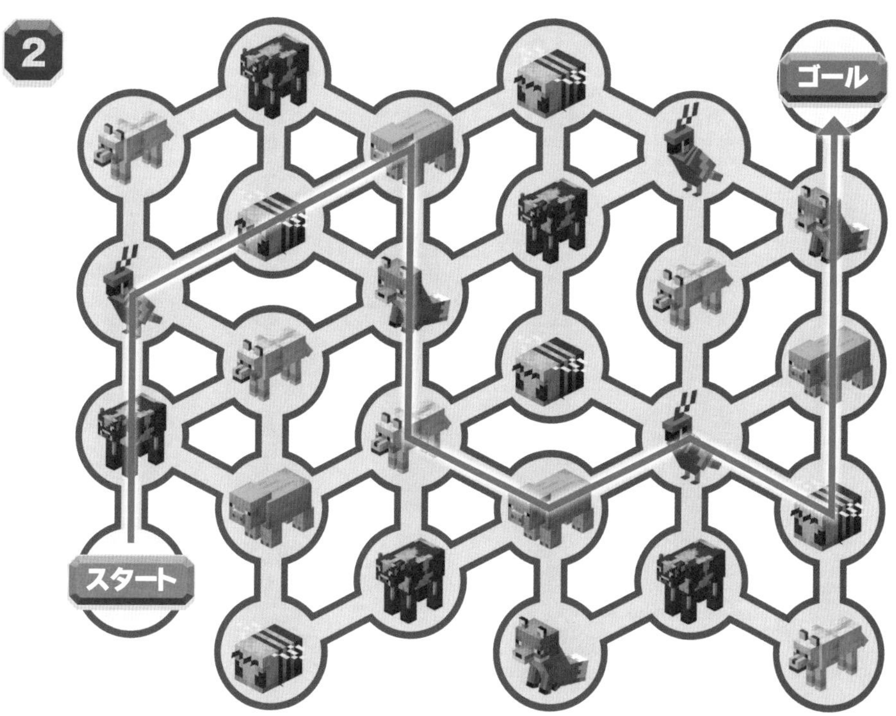

22 森の洋館を　たんさくする

48-49ページ

1

① 答え. ごうけいで　11　回

② 答え. あと　5　回　こうげきするひつようがある

2

答え.　A　が　エヴォーカーのへや

23 あくの　まじゅつしを　たおせ!

50-51ページ

1

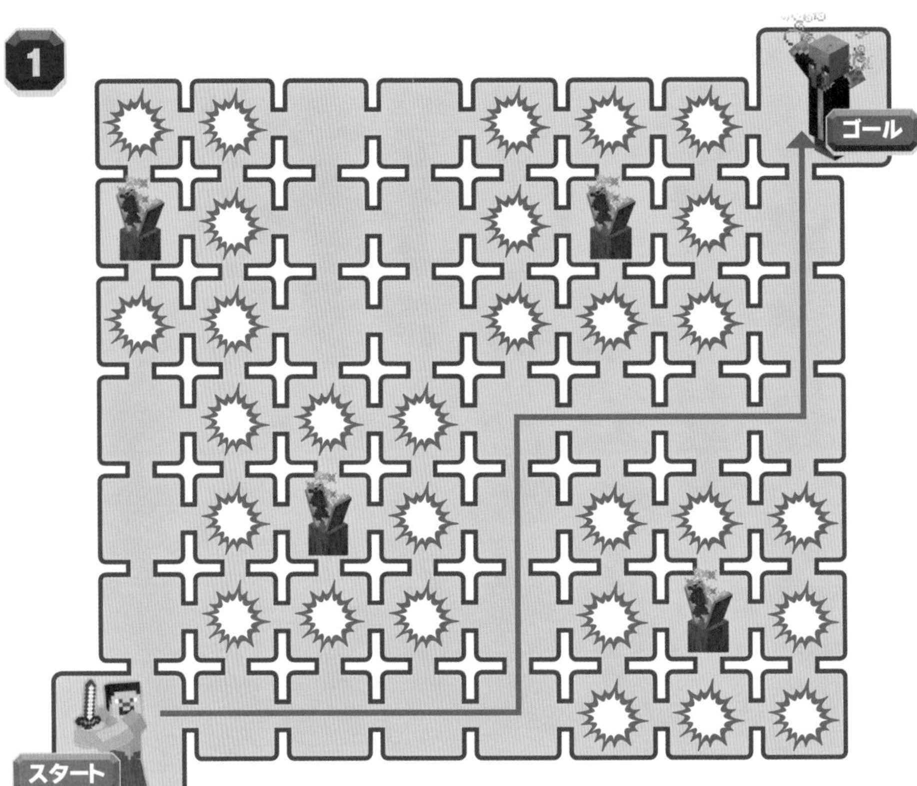

2

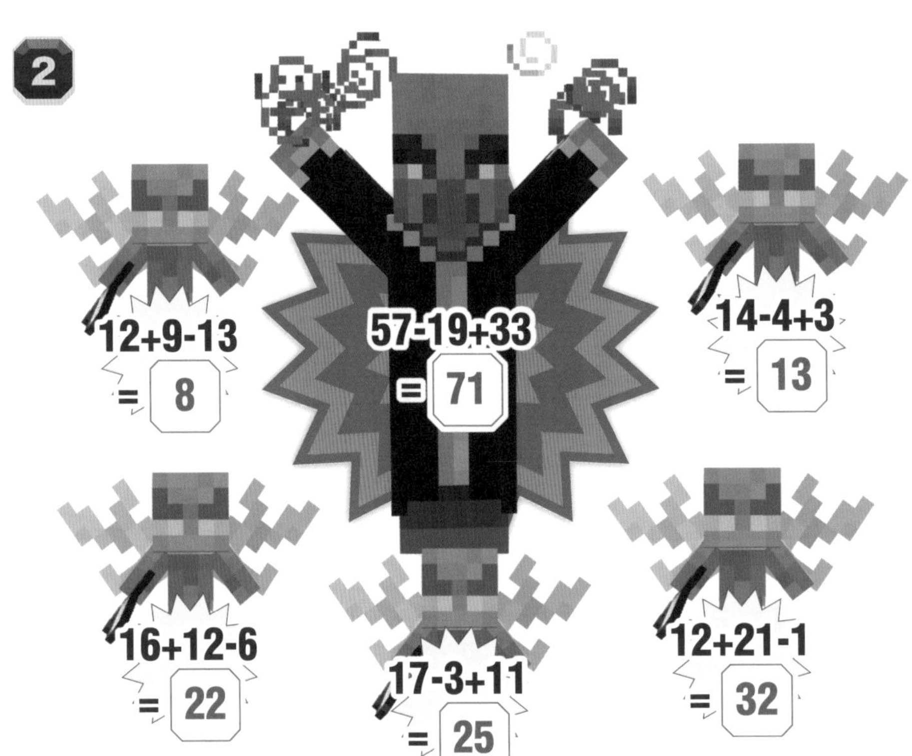

24 アレイを　たすけだそう

52-53ページ

1

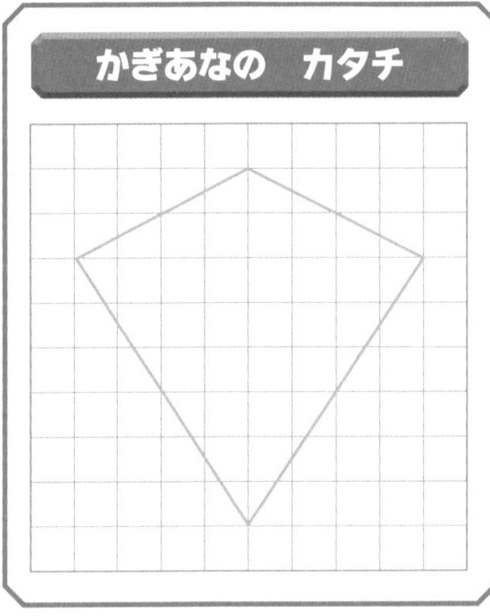

A　C

答え. A と C のくみあわせ

2

① 答え. 10 個

② 答え. 13 個

③ 答え. B のほうが 4 個多い

④ 答え. Cのエメラルドは　Aよりも 5 個多い

Cのエメラルドは　Bよりも 4 個多い

25 いせかい　ネザーに　出ぱつ!

54-55ページ

1

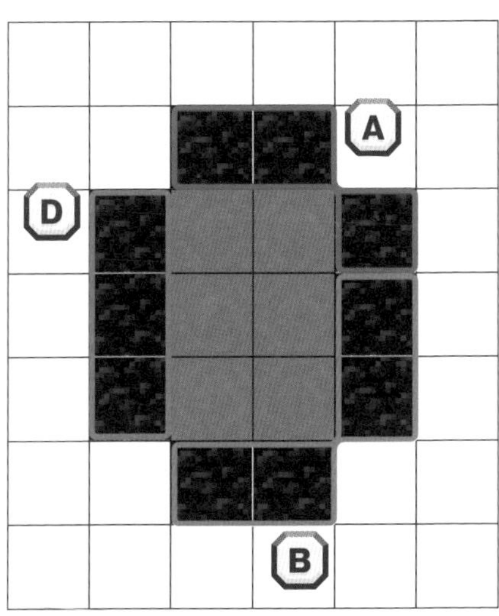

※置き方の例。ちがう置き方もできます。

答え. ひつようなパーツは A B D

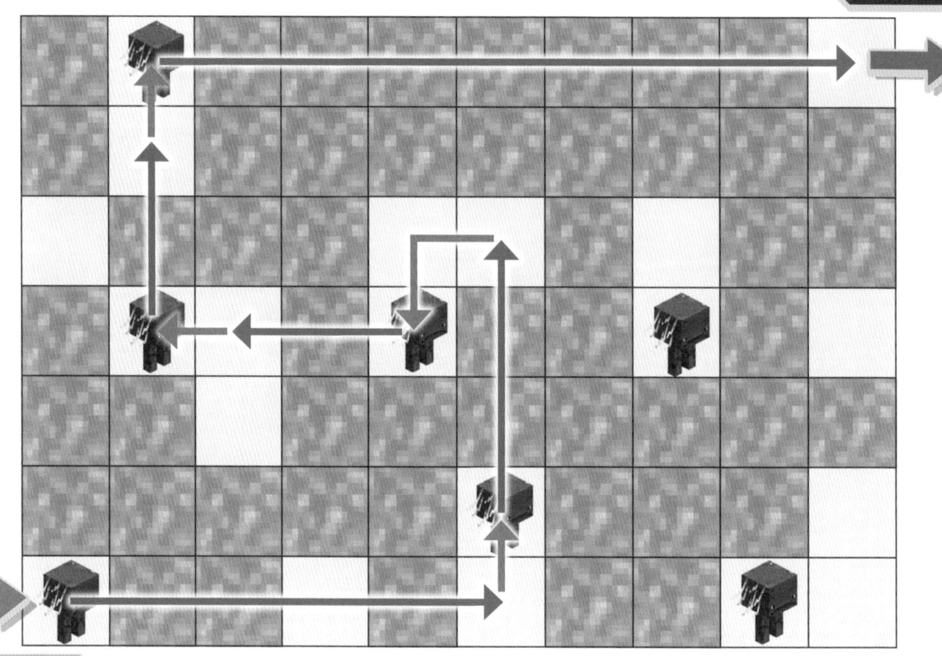

スタート

→：スティーブの移動
→：ストライダーの移動

26 ネザーの　モンスターを　たおせ!

56-57ページ

1 A

B

2

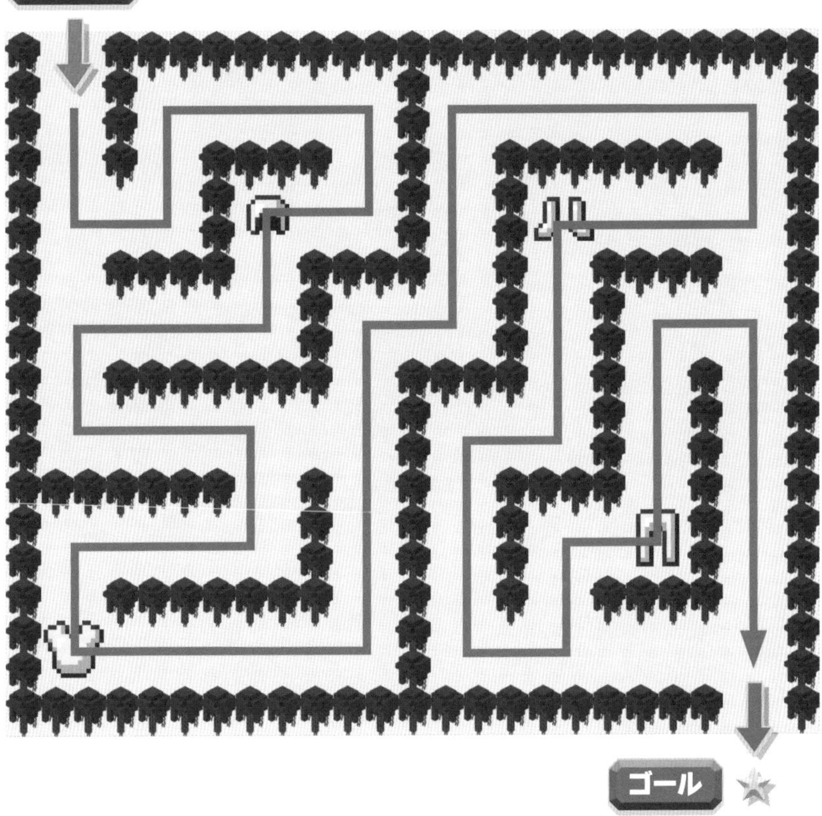

27 ブレイズを　たおしに　行こう

58-59ページ

1

スタート	3	+	6	=	[1]9	→	[1]9	+	4	=
										[2]13
=	[1]9	-	19	←	19	=	11	+		↓
10								8		[2]13
↓			4	=	19			↑		-
10		[3]23	-		↓			8	=	5
+		↑			19					ゴール
[2]13	=	[3]23			-	[1]9	+	[2]13	=	[3]23

2

12 + 9 = 21

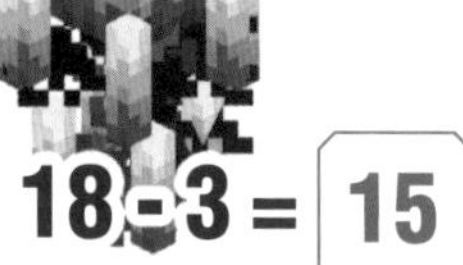

18 - 3 = 15

22 - 6 = 16

8 + 9 + 11 = 28

7 + 8 + 15 = 30

25 - 3 = 22

28 ポーション を 作（つく）ろう！

60-61ページ

1

① 答（こた）え. 9 分（ふん）

② 答（こた）え. 2 分（ふん） 15 びょう

③ 答（こた）え. 力（ちから）（ちから） のポーションが、あと 8 分（ふん）のこっている

※ポーションの名前（なまえ）は、ひらがな・漢字（かんじ）のどちらでも正解（せいかい）

2

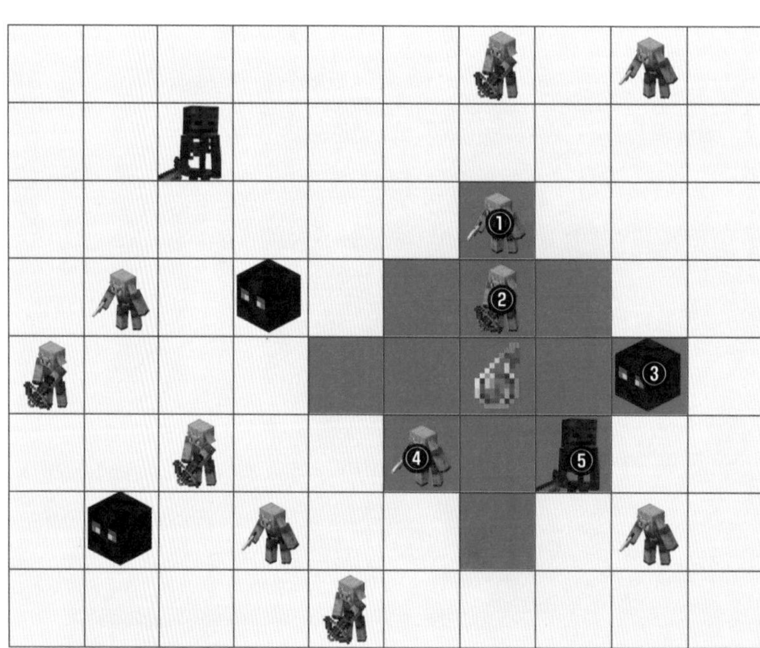

29 さいきょう　ネザライトそうびを　作(つく)ろう!

62-63ページ

1

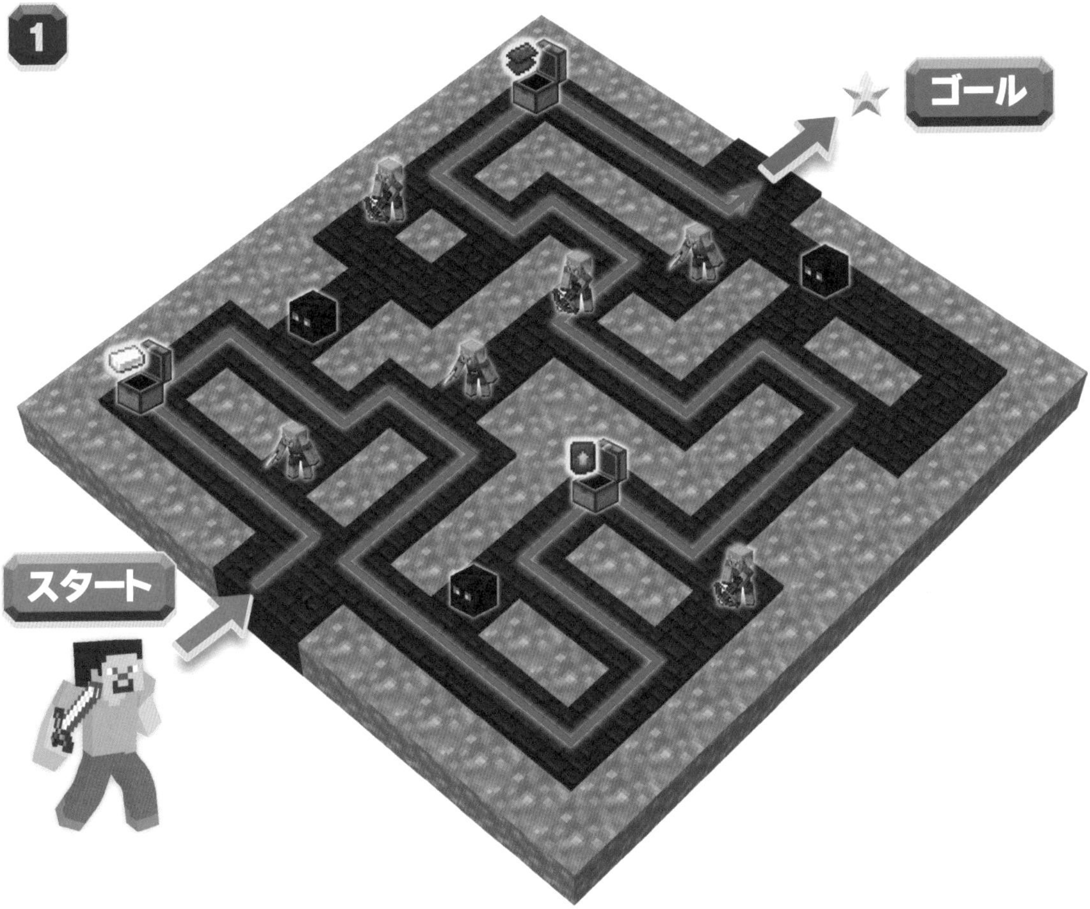

スタート

ゴール

2

(1) 答(こた)え. 金(きん)インゴット 14 個(こ)　ネザライトの欠片(かけら) 9 個(こ)

鍛冶(かじ)テンプレート 4 個(こ)

(2) 答(こた)え. ネザライトそうびは 2 個(こ) 作(つく)れる

30 エンチャントを　してみよう

64-65ページ

1

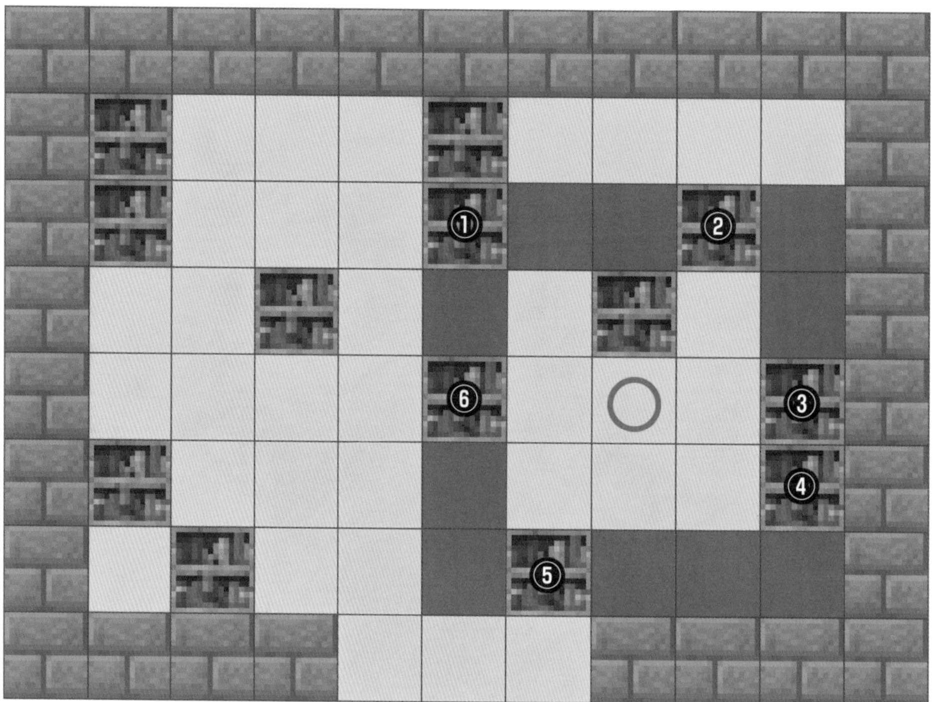

2

6	+	7	+	2	=	15
+		+		+		
1	+	5	+	9	=	15
+		+		+		
8	+	3	+	4	=	15
=		=		=		
15		15		15		

Diagonals: = 15, = 15

31 きょうてき　ガストとの　しとう!

66-67ページ

1

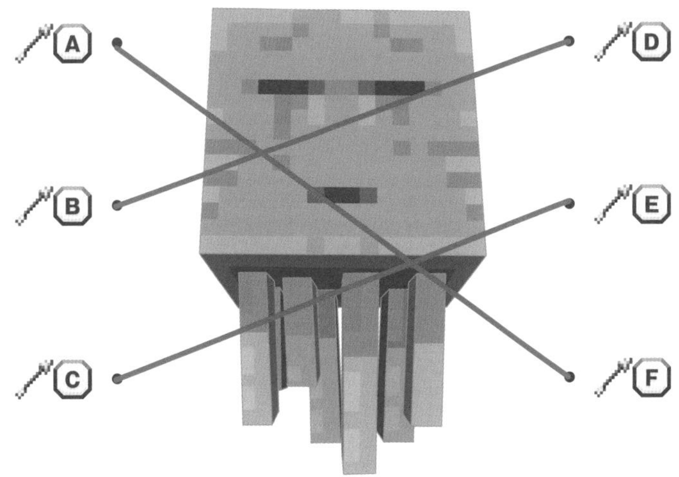

Ⓐ 11+24+14 = 49

Ⓑ 20+12+13 = 45

Ⓒ 14+26+35 = 75

Ⓓ 100-35-20 = 45

Ⓔ 100-11-14 = 75

Ⓕ 100-19-32 = 49

2

32 ウィザースケルトンを　たおそう!

68-69ページ

1

ゴール

スタート

2

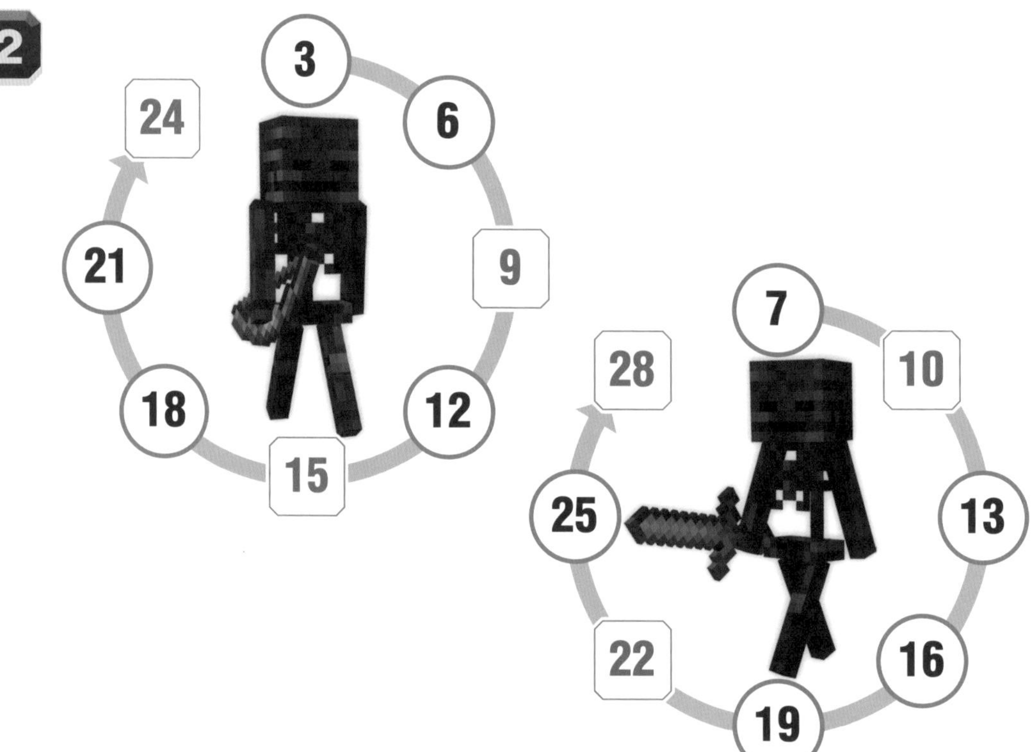

33 ボスモンスター ウィザーを たおそう!

70-71ページ

1

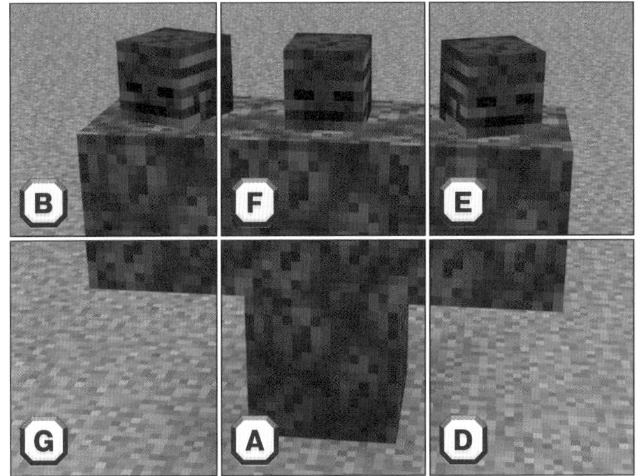

	1	2	3	
	B	F	E	
答え.	4 G	5 A	6 D	にならべる

2

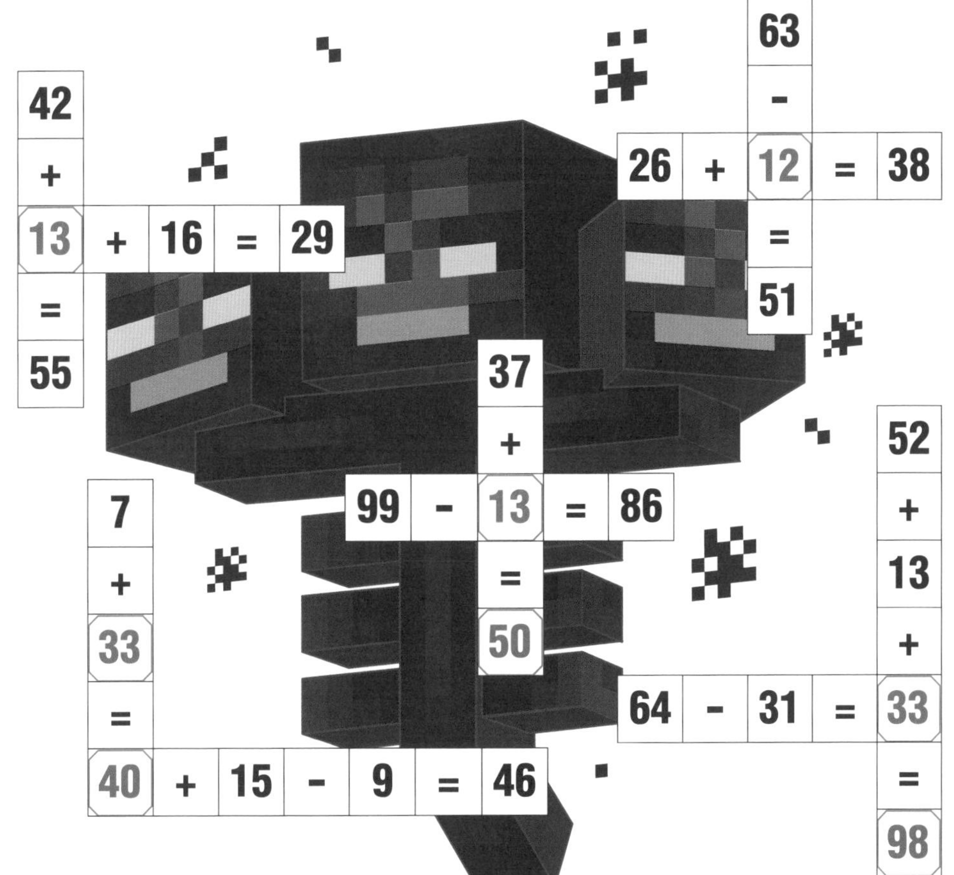

standards

発行日
2023年10月31日

企画・制作
standards

編集・執筆
野上輝之(GOLDEN AXE)／宮北忠佳(GOLDEN AXE)

カバーデザイン・アートディレクション
ili_design

本文デザイン
有泉滋人

編集人
澤田 大

発行人
佐藤孔建

発行・発売
スタンダーズ株式会社
〒160-0008 東京都新宿区四谷三栄町12-4
TEL 03-6380-6132(営業部) 03-6380-6136(FAX)

印刷所
株式会社シナノ

https://www.standards.co.jp/
スタンダーズ公式サイトには、最新書籍の情報や本に関するニュース、記事の訂正情報などが掲載されています。

●本書に記載されているアイテムやモンスター等の名称は、ゲーム内名称と同一になるよう最善の努力を払いましたが、マインクラフトのアップデートによって名称が変更される可能性があります。あらかじめご了承ください。

●本書に関するお問い合わせに関しましては、お電話、FAX、郵便によるお問い合わせには一切お答えしておりませんのであらかじめご了承ください。メール（info@standards.co.jp）にてご質問をお送りください。順次、折り返し返信させていただきます。ただし質問の際に、「ご質問者さまのご本名とご連絡先住所／メールアドレス」「購入した本のタイトル」「質問の該当ページ」「質問の内容（できるだけ詳しく）」「使用している端末やゲーム機、パソコンの環境（使用OSのバージョンやbit数、購入時期・ディスクドライブの有無・種類など）」などをお書きの上お送りいただきますようお願いいたします。なお、本書をご購入いただいていない方からの質問、また、本書に掲載されていない事柄や製品、情報などについての質問にはお答えできませんのであらかじめご了承ください。また、編集部ではご質問いただいた順にお答えしているため、ご回答に1~2週間以上かかる場合がありますのでご了承のほどお願いいたします。